中国水旱灾害应对常识900问

水利部宣传教育中心　编

· 北京 ·

内 容 提 要

本书结合我国基本水情特点，以言简意赅的问答形式，重点介绍公众应了解的洪旱灾害应对基本知识，具体内容包括：独特的基本水情，水旱灾害防御工程建设成就，水旱灾害防御理念、政策与法规，治水文化与水利史和防灾减灾基本常识。

图书在版编目（CIP）数据

中国水旱灾害应对常识900问 / 水利部宣传教育中心编. -- 北京 : 中国水利水电出版社, 2018.10
ISBN 978-7-5170-6664-4

Ⅰ. ①中… Ⅱ. ①水… Ⅲ. ①水灾—灾害防治—问题解答②旱灾—灾害防治—问题解答 Ⅳ. ①P426.616-44

中国版本图书馆CIP数据核字(2018)第164188号

书　名	**中国水旱灾害应对常识900问** ZHONGGUO SHUIHAN ZAIHAI YINGDUI CHANGSHI 900 WEN
作　者	水利部宣传教育中心　编
出版发行	中国水利水电出版社 （北京市海淀区玉渊潭南路1号D座　100038） 网址：www.waterpub.com.cn E-mail：sales@waterpub.com.cn 电话：（010）68367658（营销中心）
经　售	北京科水图书销售中心（零售） 电话：（010）88383994、63202643、68545874 全国各地新华书店和相关出版物销售网点
排　版	中国水利水电出版社微机排版中心
印　刷	北京瑞斯通印务发展有限公司
规　格	145mm×210mm　32开本　6.875印张　132千字
版　次	2018年10月第1版　2018年10月第1次印刷
印　数	00001—30000册
定　价	**29.80**元

前言

在所有大江大河流域诞生的文明古国中，我国地貌之复杂，气候之多变，自然灾害之频繁，世所少见。其中水旱灾害波及范围广、影响程度深，牵动全社会各个行业和领域，事关人民群众生命财产安全、经济健康发展和社会和谐稳定。在中华文明的发展历程中，水旱灾害的记载史不绝书，防灾减灾始终处在国家战略高度。广大人民群众正是在与水旱灾害一次又一次的抗争中，增强了群体凝聚力和文化认同感，提升了民族自信。中华文明也正是在人与自然的冲突、平衡的循环过程中，实现成长与跨越。对水旱灾害防御体系建设的认识层次，直接影响国运民生。

1949 年以来，我国防御水旱灾害的能力不断提高，依靠兴建的防汛抗旱体系，战胜了历次大洪水和严重干旱，确保了大江大河、大中城市、重要交通干线的安全，最大限度保证了城乡居民的生活、生产用水，保障了我国经济社会的健康持续发展。

当前，中国特色社会主义进入新时代，中国正在实现由“富”到“强”，随着经济社会飞速发展，水旱灾害造成的综合损失和社会影响也越来越大，人民群众对防灾减灾的要求和期望与日俱增。党的十九大报告指出，要树立安全发展理念，弘扬“生命至上，安全第一”的思想，进一步提升防灾减灾救灾能力。水旱灾害防御是防灾减灾救灾工作的重要领域，也是衡量执政党领导力、检验政府执行力、评判国家动员力、体现民族凝聚力的重要方面。

党中央高度重视防灾减灾救灾工作，多次作出系列重大部署，提出关于防灾减灾救灾“两个坚持、三个转变”的重要论述，即坚持以防为主、防抗救相结合，坚持常态减灾和非常态救灾相统一；从注重灾后救助向注重灾前预防转变，从应对单一灾种向综合减灾转变，从减少灾害损失向减轻灾害风险转变。

古语云“事不豫辨，不可以应卒”，是指事先不做好准备，就不能应付突然事变。多年来的防灾减灾救灾实践和教训不断昭示监测、预报、预断和预警的重要性，不断昭示加强防灾减灾救灾宣传教育工作、防患未然的重要性。

水利部宣传教育中心组织专家汇编知识问答，既是强化国情水情教育的重要举措，同时也是夯实防灾减灾社会基础、提升公众防灾减灾能力和水平的重要途径，既利当下，又谋长远。

我们坚信：居安思危，未雨绸缪，一个充满了治水智慧的民族，终将绘就一幅民富国强、河清海晏、卓然壮美的美丽中国画卷。

目录

第一章
独特的基本水情

知识问答

一、填空题

1. 洪涝灾害按成因可以分为（　　）、（　　）、（　　）、（　　）等。

2. 险情，特别是大汛期的险情发展很快，必须立即迅速抢护，平时应贯彻（　　）的方针，对水工建筑物进行经常和定期的检查、观测、养护修理和除险加固，消除隐患和各种缺陷损坏。

3. 山洪灾害的普遍性成因除自然因素外，也有（　　）。

4. 每年6—7月，长江中下游出现持续天阴有雨的气候现象。由于正值江南梅子的成熟期，故称这种气候现象为“（　　）”。

5. 夏旱是指一年中6—8月发生的干旱，其中三伏期间发生的干旱又称为（　　）。

6.（　　）省是长江干流沿线防洪战线最长、分蓄洪任务最重、灾害损失最大的省份。

7. 太湖流域的三大自然灾害是（　　）、（　　）和

（　　）。

8. 黄河流域的三大自然灾害是（　　）、（　　）和（　　）。

9. 白洋淀是我国海河平原上最大的湖泊，从20世纪70年代以来，白洋淀出现干淀；自90年代开始从黄河引水给白洋淀，这一工程称为（　　）。

10. “万里长江，险在荆江”。荆江在（　　）省。

11.（　　）是在一定气候和地质条件下形成的天然泄水通道，是河槽与水流的总称。

12. 农作物受灾面积、成灾面积、绝收面积、受旱面积，按照大小依次排列的顺序是：（　　）。

13.（　　）是指流域内的降水，经由地面和地下汇入河流后向流域出口断面汇集的水流。

14. 水是生命之源、（　　）之要、生态之基。

15. 水的主要用途包括生活用水、生产用水、（　　）。

16. 1吨水正常情况下可以满足一个人（　　）天的全部基本生活用水。

17.（　　）是指发生在牧区冬季到初春的一种旱灾，主要体现为牲畜饮水困难。

18. 牡丹江发源于吉林省长白山（　　），全长725公里，流域面积36700平方公里。

19. 长江干流流经的省（自治区、直辖市）是青海、西藏、（　　）、云南、重庆、湖北、（　　）、江西、（　　）、江苏、上海。

20. 长江干流每一河段都有自己的名称，比如青海玉树境内称通天河，玉树巴塘河口以下至四川宜宾称金沙江，宜宾至湖北宜昌称川江，湖北宜都至湖南岳阳段称（　　），江苏南京以下称（　　）。

21. 位于雄安新区的著名湖泊叫（　　）。

22. 黄河发源于青海省青藏高原的（　　）山脉，全长 5464 公里，呈“几”字形。自西向东流经青海、四川、甘肃、宁夏、内蒙古、陕西、山西、河南及山东 9 个省（自治区），最后流入（　　）。

23. 我国东北地区的主要水系是（　　）水系和（　　）水系。

24. 以下是我国几条重要的国际河流，它们国内外河段的名称往往不一致，怒江又名萨尔温江，雅鲁藏布江出国后改称布拉马普特拉河，额尔齐斯河下游汇入鄂毕河，澜沧江国外河段名称是（　　）。

25. 我国最大的内陆河流是新疆的（　　）河。

26. 黑龙江省三江平原曾经被称为“北大荒”，三江是指（　　）、（　　）、（　　）。

27. 长江、黄河、澜沧江的源头都位于青海省（　　）的三江源自然保护区。这里又被称为“中华水塔”和“亚洲水塔”。

28. 我国著名的“三江并流”是指（　　）、（　　）、（　　）并流。

29. 我国海拔最低的湖泊是新疆的（　　）湖。

30. 我国最大的咸水湖泊是青海省的（　　）湖。

31. 我国四大淡水湖是鄱阳湖、洞庭湖、太湖、洪泽湖，其中有（　　）个在淮河流域。

32. 巢湖是中国著名淡水湖，位于安徽省中部，所在的是（　　）水系。

33.（　　）又称（　　），是指在圣诞节前后出现于赤道东太平洋冷水域中的秘鲁洋流的海水温度反常升高、导致全球气候异常的现象。

34. 黄河在一年四季里都有汛期，分别叫（　　）、（　　）、（　　）和（　　）。

35.（　　）是我国第一大河。

36. 长江水系中水量最大的支流是岷江。岷江流经（　　），在四川（　　）接纳大渡河，在四川（　　）汇入长江。

37. 中国东西的山脉，又是大河的分水岭。（　　）山脉是黄河和长江的分水岭，（　　）山脉是长江和珠江的分水岭。

二、判断题

1. 洪水是自然现象，人类不能也不应该完全控制约束洪水，但可以通过合理的经济社会发展布局、提前预警、有效抗灾等措施减轻洪灾损失。（　　）

2. 干旱是由于降水减少，水工程供水能力不能满足经济社会发展的用水需求导致的，因此干旱问题应该从提高水利工程的供水能力和节制经济社会不合理的用水需求两个方面去解决。（　　）

3. 山洪灾害是当前我国自然灾害中造成人员伤亡的主要灾种。(　　)

4. 凌汛在我国是一种危害较大的自然灾害，主要出现在北方河流。(　　)

5. 百年一遇洪水是水文学上关于频率的概念。为了通俗起见，往往用“重现期”来替代“频率”，指在相当长的时期内平均每百年发生一次大洪水的频率，不排除百年内发生数次，也许一次也不会出现。(　　)

6. 我国是世界上洪涝、干旱、台风、地震等自然灾害多发的国家之一。(　　)

7. 我国东南部为季风气候区，降雨发生的时间主要在4—10月。(　　)

8. 根据大量的洪水调查研究，我国主要河流大洪水在时空上具有阶段性和重复性的特点。(　　)

9. 台风都是产生于热带洋面上的强烈的热带气旋，只是发生地点不同，名称不同。(　　)

10. 城市中的气温明显低于外围郊区与农村地区的现象称为城市热岛效应。热岛效应造成城市的降雨相对于郊区更加频繁。(　　)

11. 暴雨洪水的出现没有一定的规律，严重的洪水灾害不存在周期性的变化。(　　)

12. 暴雨是形成洪水的主要原因。因此，只要没有下雨，河道就不会发生洪水。(　　)

13. 桃汛一般不会带来严重灾害。(　　)

14. 我国按照来水量分丰水期、枯水期，可能连续

多年发生洪水、连续多年发生枯水。(　　)

15. 洪水虽被称为“猛兽”，但是，它也有有利的方面，比如补充淹没区的地下水，使淹没区土地更加肥沃，有利于河道鱼类的产卵繁殖，塑造河床等。(　　)

16. 山洪地质灾害是指由强降雨在山丘区引发的洪水及由其诱发的泥石流、滑坡等形成的灾害。(　　)

17. 我国的缺水有一种是水质型缺水，即有水也因污染严重而不能使用。(　　)

18. 我国大多数河流主要靠雨水补给，而我国西北的河流主要靠冰川补给。(　　)

19. 浙江省最大的湖泊是千岛湖。(　　)

20. 镜泊湖是我国第一大堰塞湖。(　　)

三、单选题

1. 自然灾害给我国经济带来巨大损失，其中危害最大的灾害是（　　）。

A. 水旱灾害　　B. 寒潮

C. 地震　　D. 扬沙

2. 特殊的自然地理和气候条件，决定了我国是一个干旱灾害频发的国家。下列关于我国干旱发生时间和空间的说法，正确的是（　　）。

A. 干旱只发生在干旱地区

B. 南方地区不会发生干旱灾害

C. 汛期不会发生干旱灾害

D. 干旱可能发生在任何季节任何地点

3. 人多水少、(　　) 是我国的基本国情水情。

A. 洪涝干旱灾害频繁

B. 水资源时空分布不均

C. 水污染形势严峻

D. 水资源供需矛盾突出

4. 据统计，我国 660 多座城市中有 (　　) 多座供水不足，114 座严重缺水，其中北方城市 71 个，南方城市 43 个。

A. 300　　B. 400

C. 450　　D. 500

5. 受季风气候及地形、地质自然条件的影响，我国降水时空分布不均，水旱灾害频繁发生，且影响范围大，危害严重。未来，我国的水旱灾害会 (　　)。

A. 逐渐减少　　B. 逐步消亡

C. 长期存在　　D. 不能肯定

6. 我国旱涝灾害多的主要原因是 (　　)。

A. 受季风气候影响　　B. 受河流影响

C. 受地势影响　　D. 受地表植被影响

7. 水所造成的灾害和引发的次生灾害均可称为“水灾害”。下列选项正确的是 (　　)。

①暴雨灾害　②洪水灾害　③山洪灾害

④冰雹灾害　⑤风暴灾害　⑥台风灾害

A. ①②⑤　　B. ①③⑥

C. ①②③④⑤⑥　　D. ①②③⑥

8. 我国降水量分布很不平衡，地理差异很大，表现为（　　）。

A. 北多南少，东多西少

B. 南多北少，西多东少

C. 南多北少，东多西少

D. 北多南少，东少西多

9.（　　）降水量等值线是中国古代农耕与游牧的分界线，其走向大体与万里长城一致。

A. 400 毫米　　B. 500 毫米

C. 600 毫米　　D. 700 毫米

10. 旱涝急转现象指在同一季节内一段时间特别旱，而随后突遇集中强降雨，又特别涝，引发山洪暴发、河水陡涨、外水入侵等灾害。在我国，旱涝急转主要发生在（　　）。

A. 春季　B. 夏季　C. 秋季　D. 冬季

11. 我国长江流域的汛期主要集中在（　　）。

A. 5—10 月　　B. 6—9 月

C. 6—10 月　　D. 5—9 月

12. 长江流域的洪水灾害是（　　）造成的。

A. 大雪　　B. 大风

C. 强降雨　　D. 空气污染

13. 下列有关我国泥石流多发原因的叙述中，正确的是（　　）。

①降水量大且多暴雨

②地势平坦有利于洪水流动

③地壳活动频繁，岩石破碎

④植被破坏严重

⑤多山地

A. ①②③④　　B. ②③④⑤

C. ①②④⑤　　D. ①③④⑤

14. 在影响农业干旱的因素中，自然因素起主要作用。我国的气候、地理等自然条件决定了我国不同地区的干旱有着不同特点，其中秦岭、淮河以北（　　）最突出，俗称“十年九旱”。

A. 春旱　B. 夏旱　C. 秋旱　D. 冬旱

15. 凌汛灾害是黄河特有的、最难防守的灾害之一，素有“伏汛好抢、凌汛难防”之说。人民治黄以来，凌汛灾害明显减少。但是，受特殊地理位置和河道走向等因素影响，（　　）仍是近期防凌形势最为严峻的河段。

A. 黄河源区河段　　B. 黄河宁蒙河段

C. 黄河中游河段　　D. 黄河下游河段

16. 山洪灾害是指由于（　　）在山丘区引发的洪水灾害，以及由山洪诱发的泥石流、滑坡等对国民经济和人民生命财产造成损失的灾害。其主要特点是突发性强，预报、预测、预防难度大，来势猛，成灾快，破坏性强。

A. 降雪　　B. 地震

C. 降雨　　D. 水库蓄水

17. 干旱有季节之分，有春旱、夏旱、秋旱、冬旱和（　　）。

A. 城市旱情　　B. 牧业旱情

C. 农业旱情　　　　　　D. 连旱

18. 下列关于汛期的说法不正确的是（　　）。

A. 汛期是指一年中因季节性降雨、融冰、化雪引起的江河水位有规律地显著上涨时期

B. 由于汛期地理位置及气候差异，各地汛期迟早不一

C. 全国各地汛期都是5—8月

D. 汛期又分为春汛、凌汛、伏汛和秋汛

19. 在水资源短缺地区，国家鼓励对（　　）的收集、开发、利用和对海水的利用、淡化。

A. 雨水、微咸水　　　　B. 废水

C. 污水　　　　　　　　D. 海水

20. 淮河全流域性大洪水一般由（　　）形成，局部地区的大洪水往往由台风、暴雨形成。

A. 冰凌　　B. 融雪　　C. 梅雨　　D. 台风

21. 我国珠江流域洪水主要由暴雨形成，暴雨分布面广，雨量多，强度大，容易形成峰高、量大、历时长的洪水。其中，（　　）洪水是珠江三角洲洪水的主要来源。

A. 东江　　B. 西江　　C. 南江　　D. 北江

22. 什么样的山体易产生滑坡？（　　）

A. 破碎、风化严重的岩层

B. 植物中没有松树的山坡

C. 坡脚平缓延伸到较长距离的山坡

D. 山岩完整的山坡

23. 下列关于凌汛说法不正确的是（　　）。

A. 凌汛是指河道结冰或冰凌积成冰坝阻塞河道

B. 冰凌聚集形成冰塞或冰坝会导致水位大幅度抬高

C. 凌汛轻则会导致漫滩，重则会导致决堤成灾

D. 凌汛一般发生在夏季

24. “空梅”主要是指发生在我国哪一地区的少雨现象？（　　）

A. 东北地区　　B. 西北地区

C. 西南地区　　D. 长江中下游地区

25. 春季气温迅速回升，河冰消融加快，上游流量迅速增大，在水流和冰块形成的水力和机械力作用下，水鼓冰开，形成严重凌汛，这样的开河方式被称为（　　）。

A. 文开河　　B. 武开河

C. 上开河　　D. 下开河

26. 在山区或者其他沟谷深壑等地形险峻的地区，因为暴雨暴雪或者其他自然灾害引发的山体滑坡并挟带大量泥沙以及石块的特殊洪流称为（　　）。

A. 洪峰流量　　B. 泥石流

C. 堰塞湖　　D. 水石流

27. 当地有一定的水资源条件，但由于缺少水源工程和供水工程，供水不能满足需水要求而造成的缺水称为（　　）。

A. 资源型缺水　　B. 水质型缺水

C. 综合型缺水　　　　D. 工程型缺水

28. 受上游污水排放影响的下游城市和受本区污水排放影响的平原河网区城市，由于水源受到污染，使水质达不到城市用水标准而造成的缺水是（　　）。

A. 工程型缺水　　　　B. 水质型缺水

C. 资源型缺水　　　　D. 综合型缺水

29. 干旱灾害带来广泛且严重的间接经济损失。下列关于间接经济损失说法不正确的是（　　）。

A. 主要表现在农牧业减产

B. 工业原料不足，产值下降

C. 农村副业生产量减少，交易量受到影响

D. 牲畜死亡或大量淘汰，体弱牲畜被杀

30. 以下关于综合型缺水正确的是（　　）。

A. 受上游污水排放影响的下游城市和受本区污水排放影响的平原河网区城市，由于水源受到污染，使水质达不到城市用水标准而造成的缺水

B. 指当地有一定的水资源条件，但由于缺少水源工程和供水工程，供水不能满足需水要求而造成的缺水

C. 是由前述两种或两种以上因素综合作用而造成的缺水

D. 由于水资源不足，城市生活、工业和环境需水量等超过当地水资源承受能力所造成的缺水

31. 热带气旋是（　　）水汽的来源，有些年份带来水汽过少，也会使降水偏少。

A. 北方冬季　　B. 南方冬季

C. 南方夏季　　D. 北方夏季

32. 下面关于旱灾的说法，正确的是（　　）。

A. 某地理范围内因降水在一定时期持续少于正常状态，导致河流、湖泊水量和土壤或者下水含水层中水分亏缺的自然现象

B. 由水分的收入与支出或供给与需求不平衡形成的水分短缺现象，是一种由气候变化等引起的随机的、临时的水分短缺现象

C. 由于降水减少、水工程供水不足引起的用水短缺，并对生活、生产和生态造成危害的事件

D. 旱灾是干旱这种自然现象单独作用的结果，与人类活动无关

33. 干旱的表现形式和发生、发展过程，包括干旱历时、影响范围、发展趋势和受旱程度等，定义为（　　）。

A. 干旱　　B. 旱情

C. 旱灾　　D. 抗旱

34. 由祁连山雨雪冰川融汇而成的石羊河、黑河、疏勒河三大水系纵横（　　），被誉为中国西北的“绿飘带”。

A. 内蒙古自治区西部

B. 青海省东北部

C. 河西走廊

35. 台风预警级别由高到低分为（　　）级。

A. 2　　B. 3　　C. 4　　D. 6

36. 干旱灾害时常引发多种次生灾害，其中，被称为“地球的癌症”的是（　　）。

A. 地下水水位下降　　B. 湿地干涸

C. 荒漠化　　D. 海水入侵

37. 大量抽取地下水可能会造成地下水水位下降，进而引发地面沉降现象。我国最早发现地面沉降的地区是（　　）。

A. 北京　　B. 天津

C. 保定　　D. 上海

38. 长江是我国第一大河，也是亚洲第一大河、世界第三大河，其干流流经我国（　　）个省（自治区、直辖市）。

A. 10　　B. 11　　C. 12　　D. 13

39. 长江是世界上高差最大的河流，长江从源头到入海口的高差最有可能是（　　）米。

A. 5800　　B. 4900

C. 6200　　D. 6500

40. 长江发源于“世界屋脊”青藏高原的唐古拉山脉各拉丹冬峰，（　　）不是长江源。

A. 巴塘河　　B. 楚玛尔河

C. 星宿海

41. 黄河是中华民族的母亲河，全长约 5464 公里，是世界上（　　）的河流。

A. 水量最大　　B. 含沙量最高

C. 流域面积最广　　D. 流经里程最长

42. 有三条大江大河的源头都在青海省玉树藏族自治州境内，三江源被誉为“中华水塔”。请问三江源是指哪三条江河的源头？（　　）

A. 长江、黄河、雅鲁藏布江

B. 长江、澜沧江、雅鲁藏布江

C. 长江、黄河、澜沧江

43. 松辽流域内我国最大的平原是（　　）。

A. 松嫩平原　　B. 松辽平原

C. 辽河平原　　D. 三江平原

44. 松花江流域有多少湖泊？（　　）

A. 500 多个　　B. 600 多个

C. 700 多个　　D. 800 多个

45.（　　）是我国七大江河中水资源量最少的河流。

A. 长江　　B. 黄河

C. 海河　　D. 淮河

46. “有河皆干，有水皆污”是人们对（　　）流域的形容。

A. 长江　　B. 黄河

C. 海河　　D. 淮河

47. 截至 2011 年年底，全国地表水水源地 11662

处，其中河流型、（　　）水源地数量分别为7107处、4386处和169处。

A. 天然型、人工型　　B. 水库型、沼泽型

C. 水库型、湖泊型　　D. 湖泊型、塘堰型

48. 下列哪组河流都是发源于青藏高原？（　　）

A. 塔里木河、额尔齐斯河、黄河

B. 雅鲁藏布江、闽江、长江

C. 雅鲁藏布江、长江、黄河

D. 澜沧江、珠江、海河

49. 塔里木河由阿克苏河、叶尔羌河以及和田河汇流而成，最后流入台特马湖，全长2137公里，是中国第一大内流河，也是世界第（　　）大内流河。

A. 三　　B. 四　　C. 五

50. 青藏高原湖区是世界上最大的高原湖泊区，占我国湖泊面积的一半。其中，（　　）是我国最大的湖泊。

A. 纳木错　　B. 青海湖

C. 色林错

51. 以下我国哪一个地区发生洪涝灾害风险更高？（　　）

A. 西北地区　　B. 长江中上游地区

C. 东北地区　　D. 华北地区

52. 下列哪一项不是我国洪水灾害的主要类型？（　　）

A. 暴雨洪水　　B. 融雪洪水

C. 山洪　　D. 工程失事洪水

53.（　　）是中华民族的心腹大患。

A. 洪涝灾害　　B. 冰冻灾害

C. 大风灾害　　D. 蝗虫灾害

54. 长江流域最容易发生洪涝灾害的季节是（　　）。

A. 春　　B. 夏　　C. 秋　　D. 冬

55. 长江流域进入汛期时间不同，在正常年份往往是（　　）。

A. 上游早于下游　　B. 上游早于中游

C. 上游早于中下游　　D. 上游迟于中下游

56. 黄河发生凌汛的时间是（　　）。

A. 7—8 月　　B. 初冬和初春

C. 秋季到冬季　　D. 春季到秋季

57. 严重的蝗灾往往和严重的旱灾相伴而生，我国古书上就有“旱极而蝗”的记载，这种蝗灾被称为干旱灾害的（　　）。

A. 后生灾害

B. 次生灾害/伴生灾害

C. 原生灾害

D. 诱发灾害

58.（　　）曾经是我国西北干旱地区最大湖泊，后来慢慢干涸了。

A. 艾比湖　　B. 罗布泊

C. 艾丁湖　　D. 乌伦古湖

59. 我国西北地区属于典型的干旱、半干旱气候区，

生态环境非常脆弱，大部分地区年降水量不足多少毫米？（　　）

A. 100 毫米　　B. 400 毫米

C. 500 毫米　　D. 200 毫米

60. 旱作物在孕穗期等生长关键期遭受的干旱灾害称为（　　）。

A. 夏旱　　B. 卡脖子旱

C. 黑灾　　D. 干热风

61. 按照自然灾害的成因和特点划分，山体滑塌属于（　　）。

A. 气象灾害　　B. 地质灾害

C. 海洋灾害　　D. 生物灾害

62. 下列对干旱和旱灾的描述错误的是（　　）。

A. 干旱偏向自然情况

B. 旱灾与社会经济有关联

C. 有干旱一定会出现旱灾

D. 有旱灾一定出现干旱

63. 我国北方草原冬季少雪或无雪使牲畜缺水、疫病流行、膘情下降、母畜流产，甚至造成大批牲畜死亡的现象称为（　　）。

A. 红灾　　B. 黑灾

C. 绿灾　　D. 蓝灾

64. 电影《小兵张嘎》是在（　　）及其附近拍摄的。

A. 密云水库　　B. 白洋淀

C. 扎龙湿地　　D. 太湖

65. 根据国际上对水资源紧缺指标的定义，如果一个国家所拥有的可更新的人均淡水供应量每年为（　　），即为极度缺水。

A. 1700～3000 立方米

B. 500～1000 立方米

C. 500 立方米以下

D. 300 立方米以下

66.（　　）被誉为“地球之肾”，是地球上生物多样性丰富和生产力较高的生态系统，在控制洪水、调节水流、调节气候、降解污染等方面有重要作用。

A. 森林　　B. 湿地

C. 草原　　D. 湖泊

67. 下列选项中，不易发生在汛期的自然灾害是（　　）。

A. 山体滑坡、泥石流　　B. 森林火灾

C. 暴雨　　D. 山洪暴发

68. 由暴雨引起河道水量迅速增加、水位急剧上升的现象称为（　　）。

A. 溃坝洪水　　B. 融雪洪水

C. 暴雨洪水　　D. 冰川洪水

69. “黑灾”是指发生在什么季节的干旱灾害？（　　）

A. 夏季　　B. 秋季

C. 伏天　　D. 冬季到初春

70. 丰水年与枯水年的降雨量变化幅度最大的地区是（　　）。

A. 东北地区　　B. 华北地区

C. 西北地区　　D. 华南地区

71. 山洪是指山区溪沟中发生的暴涨洪水。山洪具有突发性、（　　）、破坏力强等特性。

A. 水量集中、流速大

B. 流速小、水量小

C. 流量大、时间长

D. 流量小、时间长

72. 台风灾害发生时，建筑物哪类构件最易发生损坏？（　　）

A. 墙、柱等竖向受力构件

B. 门、窗及填充墙等围护构件

C. 梁、板等水平受力构件

D. 隔墙、檩等非结构构件

73. 我国的坎儿井主要分布在（　　）境内。

A. 新疆　　B. 西藏

C. 青海　　D. 甘肃

74. 下列哪些次生灾害不是台风引起的？（　　）

A. 暴雨引发山洪、泥石流

B. 环境污染、水源污染、食品污染、病菌滋生

C. 大风呼啸时，风声会直接影响人的神经系统，使人产生包括恐惧在内的心理障碍

D. 高温高热引发中暑

75. 在地球上的总水量中，海水约占 96.5%，为 13380 亿立方米，陆地上的水约占 3.5%，大气中的水约 1290 万立方米（0.001%）。在这些总水量中，淡水仅占（　　）。

A. 2.5%　　B. 10.5%

C. 12.3%　　D. 22.5%

76. 水利普查数据显示，全国流域面积 50 平方公里及以上河流共（　　）条，总长度 150.85 万公里。

A. 54203　　B. 52403

C. 45203　　D. 43520

77. 我国水资源总量居世界第六位，次于巴西、俄罗斯、加拿大、美国和（　　）。

A. 印度　　B. 印度尼西亚

C. 澳大利亚　　D. 南非

78.《中华人民共和国水法》中所称水资源，包括（　　）。

A. 地表水和地下水　　B. 淡水和海水

C. 地表水和土壤水　　D. 江河水和地下水

79. 我国单位面积产水量排在前四位的是台湾、广东、福建和（　　）。

A. 北京　　B. 河南

C. 河北　　D. 浙江

80. 降水在季节内随时间的分布越不均匀，出现旱涝急转的可能性越大；反之，降水在季节内随时间分布越均匀，即越趋于（　　）。

A. 旱涝急转　　B. 旱涝极端

C. 旱涝并存　　D. 风调雨顺

81. 当空气湿度（　　）的时候，鼻腔和肺部呼吸道黏膜容易发生脱水，弹性降低，黏膜上的纤毛运动减缓，灰尘、细菌等容易附着在黏膜上，刺激喉部引发咳嗽，同时也容易发生支气管炎、哮喘等呼吸道疾病。

A. 高于40%　　B. 低于50%

C. 高于50%　　D. 低于40%

82. 粮食作物受灾面积是指因旱造成粮食作物产量比正常年减产（　　）成及以上的面积。

A. 一　　B. 三　　C. 五　　D. 八

83. 粮食作物成灾面积是指因旱造成粮食作物产量比正常年减产（　　）成及以上的面积。

A. 一　　B. 三　　C. 五　　D. 八

84. 粮食作物绝收面积是指因旱造成粮食作物产量比正常年减产（　　）成及以上的面积。

A. 一　　B. 三　　C. 五　　D. 八

85. 我国的粮食主产区主要分布在（　　）。

A. 湿润地区　　B. 干旱地区

C. 半干旱地区　　D. 沿海地区

86. （　　）是一种水量相对亏缺的自然现象。

A. 干旱　　B. 旱灾

C. 干燥　　D. 缺水

87. 下列关于干旱的说法，正确的是（　　）。

A. 干旱有百害而无一利

B. 干旱一旦发生，农业就会减产

C. 由水分的收与支或供与需不平衡形成的水分短缺现象

D. 干旱是由厄尔尼诺现象造成的

88. 关于洪涝和干旱灾害的区别，说法正确的是（　　）。

A. 洪涝灾害比干旱灾害更为严重

B. 洪涝灾害是突发性的，而干旱灾害是渐变性的

C. 我国汛期只会发生洪涝灾害

D. 洪涝灾害发生在南方，干旱灾害发生在北方

89. 大渡河流经四川阿坝、汉源，至乐山与岷江汇合。传统以大渡河为岷江的支流，现代河源学认为应是岷江正源。大渡河发源于（　　）。

A. 秦岭　　　　B. 青藏高原

C. 岷山

90. 大渡河流域分布着许多著名的山峰，比如（　　）。

A. 贡嘎山、峨眉山

B. 岷山、雪峰山、峨眉山

C. 玉龙雪山、贡嘎山

91. 嘉陵江是长江水系中支流流域面积最大的支流，古称“阆水”“渝水”，以其流经四川阆中、重庆而得名。嘉陵江最有可能的发源地是（　　）。

A. 青藏高原　　　　B. 秦岭

C. 岷山

92. 乌江是四川盆地从右岸注入长江的唯一一级支流，发源于（　　）东南，年降水量1000～1200毫米，是西南地区季节水量变幅最小的河流。

A. 云贵高原　　B. 青藏高原

C. 黄土高原　　D. 内蒙古高原

93. 长江是中国的黄金水道，修建葛洲坝水利枢纽工程前，宜昌以上至重庆段分布众多险滩。“新滩、泄滩不算滩，崆岭才是鬼门关。”请问这段话指的是长江三峡段的哪一个峡的水道状况？（　　）

A. 瞿塘峡　　B. 巫峡

C. 西陵峡

94. 我国水资源分布极不均匀，全国水资源的（　　）分布在长江及其以南地区。

A. 51%　　B. 71%　　C. 81%　　D. 91%

95. 浙江省江河众多，自北而南有（　　）大水系。

A. 五　　B. 六　　C. 七　　D. 八

96. 我国年均径流总量最大的国际河流是（　　）。

A. 黑龙江　　B. 澜沧江

C. 雅鲁藏布江　　D. 乌苏里江

97. 中国大运河没有经过下列哪个城市？（　　）

A. 洛阳　　B. 济南

C. 无锡　　D. 绍兴

98. 额尔齐斯河发源于阿尔泰山南坡，为鄂毕河最大的支流，流经中国、（　　），也是中国唯一流入北冰洋的河流。

A. 哈萨克斯坦和俄罗斯

B. 乌兹别克斯坦和俄罗斯

C. 蒙古国和俄罗斯

99. 伊犁河是国际河流，新疆水量第一大河，源于天山，注入（　　）的巴尔喀什湖。

A. 俄罗斯　　B. 哈萨克斯坦

C. 乌兹别克斯坦

四、多选题

1. 下列关于北方河流的说法中，哪些是正确的？（　　）

A. 北方地区年降水量多为 400 ～ 800 毫米，降水集中在 7—8 月，且多暴雨，此时河水暴涨，河流易泛滥成灾

B. 北方的河流由于受到频繁干旱和人为因素的影响，出现了“喊渴”的景象

C. 干旱缺水使内陆湖泊水质发生明显变化

D. 每年的春季少雨，常有干旱，春旱尤其严重

2. 黄河位于我国的中北部，冬季气候干燥寒冷，每年都有凌汛发生。根据黄河凌汛形成和发展特点，黄河凌汛期分为（　　）三个阶段。

A. 畅流期　　B. 流凌期

C. 封冻期　　D. 开河期

3. 下列关于干旱灾害的说法哪些是正确的？（　　）

A. 干旱灾害是自然气象因素波动与人类社会经济活动相互作用的产物

B. 干旱灾害是指由于降水减少、水工程供水不足引起的用水短缺，并对生活、生产和生态造成危害的事件

C. 干旱灾害具有渐变发展的特点，其产生的影响具有积累效应

D. 干旱灾害的开始时间、结束时间难以准确判定

4. 台风发生时常伴有（　　）。

A. 大风　　B. 暴雨

C. 巨浪　　D. 风暴潮

5. 干旱灾害是常见的自然灾害之一，对人类的生产生活有哪些影响？（　　）

A. 降水偏少，影响农业生产，庄稼歉收

B. 河流断流，威胁农村饮水安全

C. 水库干涸，影响灌溉、航运、发电等

D. 影响城乡居民生活用水和工业生产

6. 山区农村饮水困难是干旱灾害的一个重要表现，主要发生在我国哪些地区？（　　）

A. 西北地区　　B. 长江中下游地区

C. 西南地区　　D. 华南地区

7. 湖泊的主要功能有（　　）。

A. 水产养殖　　B. 调蓄洪涝水

C. 旅游观光　　D. 提供水源

8. 山洪灾害发生的人为因素包括（　　）。

A. 毁林开荒，乱垦滥伐

B. 城镇建设缺乏防洪规划的影响

C. 乱采滥挖的影响

D. 工程建设中不合理施工的影响

9. 我国自然灾害发生的主要特点是（　　）。

A. 害种类多　　B. 发生频率高

C. 分布地域广　　D. 造成损失大

10. 我国把不同季节出现的洪水分为（　　）。

A. 桃汛　　B. 伏汛

C. 秋汛　　D. 凌汛

11. 按干旱的成因分类，干旱可以分成（　　）。

A. 气象干旱　　B. 水文干旱

C. 农业干旱　　D. 社会经济干旱

12. 我国城市缺水的类型包括（　　）。

A. 资源型缺水　　B. 工程型缺水

C. 水质型缺水　　D. 综合型缺水

13. 以下关于干旱地区说法正确的是（　　）。

A. 我国干旱区主要包括新疆、青海、甘肃、宁夏、陕西北部、内蒙古西部和北部、西藏雅鲁藏布江以西部分、云贵高原西部

B. 年降雨量稀少

C. 灌溉在农牧业生产中占极重要的地位

D. 蒸发量极大

14. 以下行为中，可以加剧干旱的有（　　）。

A. 滥砍滥伐　　　　B. 降低森林覆盖率

C. 植树造林

15. 关于资源型缺水，以下说法不正确的是（　　）。

A. 是由两种或两种以上因素综合作用而造成的缺水

B. 受上游污水排放影响的下游城市和受本区污水排放影响的平原河网区城市，由于水源受到污染，使水质达不到城市用水标准而造成的缺水

C. 由于水资源不足，城市生活、工业和环境需水量等超过当地水资源承受能力所造成的缺水

D. 指当地有一定的水资源条件，但由于缺少水源工程和供水工程，供水不能满足需水要求而造成的缺水

16. 在影响农业干旱的因素中，自然因素起主要作用。我国的气候、地理等自然条件，我国不同地区的干旱有着哪些不同特点？（　　）

A. 秦岭、淮河以北春旱突出，俗称“十年九春旱”。春季正是冬小麦生长和早秋作物播种的关键时期，常需采取灌溉或其他抗旱措施，以保证作物对水分的需要。这一地区有时还会发生春夏连旱或春夏秋连旱

B. 长江中下游地区主要是伏旱或伏秋连旱

C. 西南地区多发生冬旱、春旱，以冬春连旱为主

D. 华南地区秋冬春三季常有旱情

E. 西北地区和东北地区的西部常有旱。特别是西北地区西部干旱地区，可谓没有灌溉就没有农业，主要依靠山区融雪或上游来水，如果来水少或积雪层薄以及气温偏低造成融雪量少，灌溉水不足，农作物正常生长就会受到威胁

17. 世界各国应对干旱的主要措施有（　　）。

A. 兴修水利，改变农田灌溉方式

B. 改进耕作制度，选育耐旱品种

C. 植树造林，改善区域气候

D. 采用先进设施和节水措施

18. 我国抗旱减灾面临的形势及挑战有（　　）。

A. 我国地理气候条件决定了干旱灾害长期存在

B. 现有抗旱减灾体系难以有效应对严重干旱

C. 全球气候变化和人类活动影响增加了极端干旱发生概率

D. 区域经济社会和生态环境对干旱的敏感性增强

19. 有关城市干旱的说法，正确的是（　　）。

A. 发生原因是遇枯水年造成城市供水水源不足，或者由于突发性事件使城市供水水源遭

到破坏

B. 影响到生产、生活和生态环境等方面

C. 现在城市供水保障较好，不会发生干旱缺水现象

D. 当发生城市干旱时，首先要保证工业生产用水

20. 在我国农村，旱情主要表现为（　　）。

A. 农业旱情　　B. 牧业旱情

C. 因旱饮水困难　　D. 河流污染

21.（　　）是我国水资源短缺的主要原因。

A. 降水分布不均衡　　B. 降水量少

C. 人们消费需求高

22. 台风带来的大风暴雨给农林业造成巨大损失，主要有（　　）。

A. 台风吹倒瓜豆棚架，打烂菜叶，冲坏菜苗，使瓜豆落花落果，蔬菜生产受损

B. 台风过后，各种农作物受摧残，空气湿度大，气温高，导致病虫害严重，农作物疫病发生，大量作物死亡

C. 狂风暴雨使部分养殖网箱、围塘堤坝损坏倒塌，鱼虾蟹逃逸

D. 许多树木被摧毁或折断，有的树木甚至被连根拔起，给市民生活、交通带来诸多不便，也给农林业造成巨大损失

23. 台风除了带来灾害，还会有很多好处，包括

（　　）。

A. 带来丰沛的淡水资源

B. 起到调温作用

C. 保持热平衡

24. 城市内涝的特点主要有（　　）。

A. 形成时间短

B. 基本上与较大降雨相伴，给灾害救援带来困难

C. 城市某些特定地点的发生频率较高

25. 珠江是我国南方的一条大河，珠江水系由（　　）和珠江三角洲水系组成。

A. 西江　　B. 北江

C. 东江　　D. 湘江

26. 下列与西藏地理上有依附关系的河流是（　　）。

A. 怒江　　B. 黄河

C. 澜沧江　　D. 长江

27. 珠江流域主要包括（　　）等省（自治区）。

A. 云南　　B. 贵州

C. 广西　　D. 广东

28. 下列关于洪泽湖的说法中，正确的是（　　）。

A. 洪泽湖是我国第四大淡水湖

B. 洪泽湖是淮河流域的湖泊型水库

C. 洪泽湖是南水北调东线工程调节水库

D. 洪泽湖是淮河干流上的人工湖

29. 我国半湿润地区主要包括哪些？（　　）

A. 华北平原

B. 黄河中游黄土高原

C. 东北松辽平原

D. 淮北平原以及内蒙古南部地区

30. 以下哪几条河流是典型的多泥沙河流？（　　）

A. 永定河　　　　B. 黄河

C. 珠江　　　　　D. 泾河

31. 下列选项中位于长江流域的水利工程是（　　）。

A. 葛洲坝　　　　B. 三门峡

C. 三峡　　　　　D. 二滩

32. 我国的荒漠化地区主要集中在（　　）。

A. 干旱地区　　　B. 半干旱地区

C. 半湿润地区　　D. 湿润地区

33. 下列关于“旱涝并存”“旱涝急转”的说法中，正确的是（　　）。

A. 指在同一季节内一段时间特别旱，而另一段时间突遇集中强降雨而特别涝，引发山洪暴发、河水陡涨、外水入侵等灾害

B. 如果发生了强“旱涝并存、旱涝急转”事件，则意味着既发生了旱灾又发生了涝灾，其带来的危害可想而知

C. 旱涝交替现象的出现反映了旱涝极端事件在短期内共存

D. 旱涝急转极易造成人员伤亡、水库垮坝等重

大经济损失

34. 强“旱涝并存、旱涝急转”事件是华南地区夏季频发的一种气象灾害，它带来的危害有（　　）。

A. 农田受灾　　B. 人员伤亡

C. 水库垮坝　　D. 水源短缺

35. 无论是地下水取水井数量还是地下水取水量，均呈（　　）的特点。

A. 北方多、南方少

B. 平原区多、山丘区少

C. 北方少、南方多

D. 浅层地下水多、深层承压水少

36. 水循环的影响因素有（　　）。

A. 气象因素　　B. 下垫面因素

C. 水质因素　　D. 人类活动因素

37. 我国危害最大的三种自然灾害是（　　）。

A. 洪水　　B. 干旱

C. 地震　　D. 沙尘暴

38. 台风可引起什么后果？（　　）

A. 梅雨　B. 暴雨　C. 巨浪　D. 洪涝

39. 根据旋涡水平方向气流速度大小，台风通常可以分为（　　）。

A. 台风中心　　B. 台风本体

C. 台风外围

40. 根据影响地域的不同，干旱可分为（　　）。

A. 平原干旱　　B. 山区干旱

C. 农区干旱　　　　D. 牧区干旱

41. 根据干旱影响的时间长短和特征不同可分为（　　）。

A. 永久性干旱　　　　B. 季节性干旱

C. 临时干旱　　　　D. 隐蔽干旱

42. 半干旱地区主要包括哪些地区？（　　）

A. 华北平原

B. 黄河中游黄土高原

C. 东北松辽平原

D. 淮北平原以及内蒙古南部地区

43. 某地区降水的季节内变化和某个季节内总降水量的多少，会影响到该地区的哪些方面？（　　）

A. 水资源调配　　　　B. 分布均匀

C. 工农业生产　　　　D. 人民生活

44. 干旱灾害是对我国西部、北部广大牧区畜牧业生产影响最大的灾害。都有哪些影响？（　　）

A. 影响牲畜饮水

B. 工业原料不足

C. 造成牲畜死亡或大量淘汰、体弱牲畜被杀

D. 造成牧草产量减少

45. 下列关于荒漠化说法正确的是（　　）。

A. 狭义的荒漠化即沙漠化，是指在脆弱的生态系统下，由于人为过度的经济活动，破坏生态平衡，使原非沙漠的地区出现了类似沙漠景观的环境变化过程

B. 荒漠化被称作“地球的癌症”

C. 沙漠化土地还包括了沙漠边缘风力作用下沙丘前移入侵的地方和原来的固定、半固定沙丘由于植被破坏发生流沙活动的沙丘活化地区

D. 凡是具有发生沙漠化过程的土地都称为沙漠化土地

46. 旱情是干旱的表现形式和发生、发展过程，包括（　　）。

A. 干旱历时　　B. 影响范围

C. 发展趋势　　D. 受旱程度

47. 以下关于干旱的说法，正确的是（　　）。

A. 干旱是世界上普遍发生的自然灾害

B. 干旱是影响我国农业生产的自然灾害

C. 干旱是由水分的收入与支出或供给与需求不平衡形成的水分短缺现象，是由气候变化等引起的随机的、临时的水分短缺现象

D. 干旱可能发生在任何区域的任意一段时间，既可能出现在干旱或半干旱区的任何季节，也可能发生在半湿润甚至湿润地区的任何季节

48. 干旱灾害的影响会涉及哪些方面？（　　）

A. 农业　　B. 工业

C. 城市　　D. 生态

49. 按干旱的形式分类，干旱可以分为（　　）。

A. 农业干旱　　B. 城市干旱

C. 生态干旱　　D. 春季干旱

50. 干旱灾害还可能诱发哪些次生灾害？（　　）

A. 虫灾　　B. 荒漠化

C. 火灾　　D. 突发水污染

51. 干旱是一种自然因素偏离正常状况的现象，而（　　）是指随着干旱的继续发展对经济社会的影响和破坏。

A. 干旱　　B. 旱情

C. 旱灾　　D. 人类活动

52. 长江流域的汛情按照发生的时间来分一般有（　　）。

A. 桃花汛　　B. 夏汛

C. 秋汛

53. 季节性河流形成原因是（　　）。

A. 通常流经高温干旱的区域

B. 平均流量较小，但因暴雨、融雪引发的洪峰却很大

C. 在纬度较高、非常寒冷的地区也会形成季节性河流

D. 对河流的过度引水、截流，导致常年河流变成季节性河流

54. 根据综合气候和水文状况等方面的特点，可以把我国大体上划分为干旱地区、半干旱地区、半湿润地区、湿润地区。以下地区属于干旱半干旱地区的有

（　　）。

A. 甘肃　　B. 内蒙古

C. 福建　　D. 湖南

55. 灾害不仅与洪水的自然属性有关，也与人类活动有关。也就是说，并不是所有的洪水都会造成灾害，当洪水的量级还未超过一定的临界值，它就是一种资源。洪水具有灾害与资源二重性，通过一系列措施，洪水也可以转化为水资源。洪水作为资源，主要表现在（　　）。

A. 用水资源　　B. 生态资源

C. 肥力资源　　D. 动力资源

56. 水灾害主要类型有洪水、山洪泥石流、涝渍、风暴潮、灾害性海浪、水生态环境恶化等，（　　）是产生水灾害的主要原因。

A. 人类活动　　B. 大自然力量

C. 环境变化　　D. 预报不准

五、简答题

1. 什么是城市内涝？

2. 什么是山洪？

3. 洪涝灾害包括哪几类？请简要说明。

4. 汛期常说“洪峰”一词，何意？

5. 雨涝灾害的成因？

6. 溃坝洪水的含义？

7. 影响江河冰凌的主要因素有哪些？

8. 暴雨洪水的特点有哪些？

9. 什么叫“桃花汛”？

10. 海啸的表现形式是什么？

11. 抗旱时经常打井取水，浇灌农田，但抽取地下水过多，容易形成“地下漏斗”。请问何为“地下漏斗”？

参考答案

一、填空题

1. 暴雨洪水，融雪洪水，冰凌洪水，风暴潮洪水

2. 以防为主、防重于抢

3. 人为因素　4. 梅雨　5. 伏旱　6. 湖北

7. 旱灾，水灾，风暴潮

8. 旱灾，水灾，水土流失

9. 引黄济淀　10. 湖北　11. 河流

12. 受旱面积 > 受灾面积 > 成灾面积 > 绝收面积

13. 径流　14. 生产　15. 生态用水

16. 10　17. 黑灾　18. 牡丹岭

19. 四川，湖南，安徽　20. 荆江，扬子江

21. 白洋淀　22. 巴颜喀拉，渤海

23. 辽河，松花江或黑龙江　24. 涓公河

25. 塔里木　26. 黑龙江，松花江，乌苏里江

27. 玉树　28. 金沙江，澜沧江，怒江

29. 艾丁　30. 青海　31. 1　32. 长江

33. 厄尔尼诺现象，圣婴现象
34. 桃汛或春汛，伏汛，秋汛，凌汛
35. 长江　　36. 成都平原，乐山市，宜宾市
37. 秦岭，南岭

二、判断题

1. √	2. √	3. √	4. √	5. √	6. √
7. √	8. √	9. √	10. ×	11. √	12. ×
13. √	14. √	15. √	16. √	17. √	18. √
19. √	20. √				

三、单选题

1. A	2. D	3. B	4. B	5. C	6. A
7. C	8. C	9. A	10. B	11. A	12. C
13. D	14. A	15. B	16. C	17. D	18. C
19. A	20. C	21. B	22. A	23. D	24. D
25. B	26. B	27. D	28. B	29. D	30. C
31. C	32. C	33. B	34. C	35. C	36. C
37. D	38. B	39. A	40. C	41. B	42. C
43. B	44. B	45. C	46. C	47. C	48. C
49. C	50. B	51. C	52. D	53. A	54. B
55. D	56. B	57. B	58. B	59. B	60. B
61. B	62. C	63. B	64. B	65. C	66. B
67. B	68. C	69. D	70. C	71. A	72. B
73. A	74. D	75. A	76. C	77. B	78. A
79. D	80. D	81. D	82. A	83. B	84. D
85. C	86. A	87. C	88. B	89. B	90. A

91. B　92. A　93. C　94. C　95. D　96. A
97. B　98. A　99. B

四、多选题

1. ABD　2. BCD　3. ABCD　4. ABCD
5. ABCD　6. AC　7. ABCD　8. ABCD
9. ABCD　10. ABCD　11. ABCD　12. ABCD
13. ABCD　14. AB　15. ABD　16. ABCDE
17. ABCD　18. ABCD　19. AB　20. ABC
21. AB　22. ABCD　23. ABC　24. ABC
25. ABC　26. ACD　27. ABCD　28. ABCD
29. ABCD　30. ABD　31. ACD　32. AB
33. ABCD　34. ABC　35. ABD　36. ABD
37. ABC　38. BCD　39. ABC　40. ABCD
41. ABCD　42. ABCD　43. ACD　44. ACD
45. ABCD　46. ABCD　47. BCD　48. ABCD
49. ABC　50. ABC　51. BC　52. ABC
53. ABD　54. AB　55. ABCD　56. AB

五、简答题

1. 降雨超过城市排水能力使城市内产生积水，这种现象就是我们通常所说的城市内涝。

2. 山洪是指由于暴雨、拦洪设施溃决等原因，在山区沿河流及溪沟形成的暴涨暴落的洪水及伴随发生的滑坡、崩塌、泥石流的总称。其中暴雨引起的山洪最为常见。

3. 洪涝灾害包括洪水灾害和雨涝灾害两类。其中，由于强降雨、冰雪融化、冰凌、堤坝溃决、风暴潮等原因引起江河湖泊及沿海水量增加、水位上涨而泛滥以及山洪暴发所造成的灾害称为洪水灾害。

4. 洪峰，一般是指每次洪水时期，洪水通过江河某水位站的水位或流量过程中的最高点。

5. 因大雨、暴雨或长期降雨量过于集中而产生大量的积水和径流，排水不及时，致使土地、房屋等渍水、受淹而造成的灾害称为雨涝灾害。

6. 水库大坝溃决，库内水体突然泄放，库水位急骤下降，坝下形成突发性溃坝洪水，坝后水位陡涨，常出现立波，如一道水墙，迅速向下游推进。

7. 影响江河冰凌的主要因素有以下 4 个：①气候因素，指冬季冷空气活动和气温变化等；②水流动力因素，指河道流量大小及其与冰凌的相互作用；③河道形态及其地理位置，指河道走向、冲淤形态和经纬度位置等；④人为因素，指河道修建水利工程、冬季涵闸引水和水库调度等。

8. ①各地暴雨洪水出现时序有一定的规律；②暴雨洪水峰高量大，经常造成严重的洪涝灾害；③严重的洪水灾害存在着周期性的变化。

9. 春暖花开时节，江河冰凌消融很容易形成春汛。由于恰逢沿岸桃花盛开的季节，故称为“桃花汛”。

10. 海啸在滨海区的表现形式是海水的陡涨陡落，骤然形成“水墙”，伴随着隆隆巨响，瞬时侵入滨海陆地，吞没良田和城镇村庄，然后海水骤退，或先退后涨，有时反复多次。海啸还常伴有强烈的地震灾害发生。

11. 地下漏斗就是某地区因地下水过度开采，导致地下水饱和水面以采水点为中心，由四周向中心呈梯度下降的现象。形似一个“漏斗”，故称“地下漏斗”。

第二章

水旱灾害防御工程建设成就

知识问答

一、填空题

1. 水库都有兴利除害两方面的作用。表征水库工作状况的特征库容有四个：死库容（　　）、有效库容（　　）、防洪库容和超高库容。与水库4个特征库容相对应的特征库水位分别是（　　）。

2. 水库在洪峰过后，应在不影响土坝坝坡和库岸稳定，以及下游河道防洪安全的前提下，调度洪水下泄，使库水位尽快回落到（　　）以下，以腾出库容，迎接下次洪水。

3. 调水工程根据水量的走向一般涉及三个区域，即（　　）、（　　）、（　　）。

4. 河流中下游平原区，低凹圩垸和湖泊等滞纳超额洪水地域，其中多数在历史上就是江河洪水淹没和调蓄的地方，后来由于区内人口的增加、经济的发展，逐步成为（　　）。

5.（　　）是指在汛期洪水上涨或较长时间高水位作用下，由于水压力增高，堤背水坡面、坡脚或土坝下游坝面、坝脚附近地表面等处出现土壤表面湿润、泥软或渗水的现象。

6. 在封河发展期，冰花或碎冰在冰盖前缘集聚并显著抬高上游水位的水文现象称为（　　）；在开河期，大量流冰在狭窄、弯曲河段或浅滩受阻，形成堆积体，并显著抬高上游水位的现象称为（　　）。

7. 堤防防汛特征水位一般分为（　　）、保证水位。

8.（　　）水位是水库汛期兴利蓄水的上限水位，在不需要拦洪的情况下，一般不能超过此水位。

9. 蓄水工程中的（　　）是指在山沟或河流的狭口处建造拦河坝拦蓄河川或山丘区径流形成的人工湖泊，可起到防洪、蓄水灌溉、供水、发电、养鱼等作用。

10. 通常所说的跨流域（　　），是指通过在两个或多个流域之间调剂水量分布不均所进行的水资源合理开发利用工程。

11. 抗旱工程措施中的（　　）按蓄水量从大到小可分为水库、塘坝和水窖。

12. 抗旱工程措施中的（　　）是指从河道等地表水体自流引水的工程（　　）。

13. 抗旱工程措施中的（　　）是指从河道、湖泊等地表水或从地下提水的工程（　　）。

14. 2009 年春季，我国发生了严重干旱，国家启动了（　　）级抗旱应急响应。此次春旱入选中国纪录协会 2009 年度最强春旱。

15. 南水北调中线一期工程向河南省、河北省、天津市、（　　）等北方水资源短缺地区供水。

16. 蓄滞洪区是江河防洪体系的重要组成部分，是蓄（　　）洪区、（　　）、（　　）的统称。

17. 水库下游有防洪要求时，要控制下游河道流量不超过河道（　　）。

18. 三峡工程建成后，江汉平原最薄弱的荆江河段防洪标准从十年一遇提高到（　　）。

19. 三峡工程在防洪、发电、航运和水资源综合利用等方面都有具体的效益，其中，（　　）是兴建三峡工程的首要任务和功能。

20. 灌溉引水工程中根据取水方式的不同，可分为（　　）和（　　）两类。

21. 我国水文测站分为（　　）和（　　）两大类。

22. 节水灌溉是根据作物需水规律及当地供水条件，高效利用降水和灌溉水，主要形式有（　　）、（　　）、（　　）等。

23. 洪水预报按预见期的长短，可分为（　　）、（　　）和（　　）。

24. 对于堤防而言，设计标准内的洪水不能溃堤，与设计标准对应的洪水位是（　　）。

25. 根据防汛储备物资验收标准规定，防汛救生衣和救生圈的颜色一般采用（　　）。

26. 防洪效益按照影响范围可分为（　　）、（　　）和（　　）。

27.（　　）是根据作物需水规律及当地供水条件，高效利用降水和灌溉水，用尽可能少的水投入，取得尽可能多的农作物产出的一种灌溉模式，目的是提高水的利用率和水分生产率。

28. 三峡大坝位于（　　）。

29. 灌溉渠首根据取水方式的不同，可分为无坝引水和有坝引水两类。我国著名的都江堰工程属于其中的（　　）。

30. 在适当的云雨条件下，针对不同的云，采用相应的人工催化技术方法，改变云降水物理过程，以达到增加局地降雨的技术称为（　　）。

31. 洪水分为（　　）、（　　）、（　　）、（　　）四个级别。

32. 水库调度方式分为两大类，分别为（　　）、（　　）。

33. 泥石流的防治措施有（　　）、（　　）、（　　）、（　　）。

34. 毛主席诗词中“截断巫山云雨，高峡出平湖”描绘的是我国已建成的（　　）工程。

35.（　　）是调节洪水与水资源的最有效的工程手段之一。

36. 汉江丹江口水库是南水北调中线一期工程的（　　）。

37. 河道封冻时，若逆流向风力强劲且流速大，则冰块多为倾斜堆叠，冰面起伏不平，冰层堆积较厚，称为（　　）。反之，封河时，冰块平铺，冰面平整，冰层较薄，则称为（　　）。

38. 封冻河段由于冰盖阻止了水与空气间的热交换，不易产生水内冰，常会使冰盖下游一定河段内不封冻。两个相邻封冻河段之间未封冻的河段称为（　　）。

39. 水库是水利建设中最主要、最常见的工程措施之一。按其所在位置和形成条件，水库通常分为山谷水库、平原水库和（　　）三种类型。

40. 水库的等级通常是按照库容大小来划分的。其中，大型水库的总库容在（　　）以上。

41. 一般地，平原河道有顺直（　　）型、弯曲型、（　　）和（　　）四种河型。

42. 世界最高的碾压混凝土重力坝是（　　），位于广西天峨县境内红水河上游，最大坝高前期为 192 米，后期为 216.5 米。

43. 世界上最高的混凝土双曲拱坝是（　　），坝高 305 米，位于四川省盐源县和木里县境内，是雅砻江干流下游河段的控制性水库梯级电站。

44. 世界最大规模水工隧洞是（　　）引水隧洞，4 条引水隧洞平均长约 16.6 公里，开挖洞径 13 米。

45. 世界装机规模最大的水电站是（　　），总装机容量 2250 万千瓦。

46. 世界上级数最多、上下游水位落差最大、输水系统承受的水头最大的内河船闸是（　　）。

47.（　　）年三峡工程在三峡大坝坝址举行开工

典礼，三峡工程是长江防洪的关键工程。

48.（　　）年，三峡工程实现大江截流，时任中共中央总书记江泽民、国务院总理李鹏出席截流仪式。

49. 三峡工程的正常蓄水位为 175 米，蓄水至 175 米时三峡水库的总库容为（　　）亿立方米。

50. 小浪底枢纽主体工程施工期 8 年，（　　）年年底开工，（　　）年实现大河截流。

51. 1952 年河南省新乡地区建成的第一座引黄灌溉工程是（　　），开了在黄河下游利用水资源为两岸人民造福的先河。

52. 黄河上最大的引黄灌溉枢纽是（　　），灌溉面积达 870 万亩，也是黄河上唯一以灌溉为主的一首制引水大型平原闸坝工程。

53. 水工程的主要任务是（　　）、除水害。

54. 水库，是（　　）和（　　）的水利工程建筑物，可以用来灌溉、发电、防洪、供水、养鱼和改善环境等。

二、判断题

1. 百年一遇暴雨山洪去年才发生过一次，近些年在同一个地方不可能再次发生。（　　）

2. 堤防发生散浸的抢护是以“临水截渗、背水导渗”为原则。（　　）

3. 长江防汛中有“七下八上”看上游的说法，是指 7 月下旬到 8 月上旬强降雨主要发生在上游，中下游

雨季基本结束。（　　）

4. 城市内涝治理的工程措施是指为防御城市内涝灾害而修筑的各种用来蓄水、排水和挡水的工程。（　　）

5. 蓄滞洪区主要是指河道内洪水临时储存的低洼地区及湖泊等。（　　）

6. 险工是指经常受大水冲击和历史上多次发生险情的堤防。常见的险工有散浸、管涌、脱坡、漏洞、跌窝、崩岸、漫顶以及堤坝溃决等。（　　）

7. 凌汛期，有防凌汛任务的江河的上游水库下泄水量必须征得有关的防汛指挥机构的同意，并接受其监督。（　　）

8. 防洪总有一个设计标准，超过设计标准的洪水一定会发生，因此，发生大洪水时承受一定灾害损失是不可避免的。（　　）

9. 任何单位和个人都有参加防汛抗洪的义务。（　　）

10. 防洪措施可分为工程措施和非工程措施，非工程措施包括法律法规、土地利用管理、洪水预测预报、防洪调度等。（　　）

11. 堤防出现纵向裂缝，在未查明原因时，不应贸然处理，可先用彩条布覆盖缝口，避免雨水灌入，待原因查明后再作处理。（　　）

12. 有防洪功能的水库实施防洪调度时既要符合规程、方案要求又要科学。（　　）

13. 兴利库容即调节库容，是正常蓄水位至死水位

之间的水库容积。用以调节径流，提供水库的供水量或水电站的出力。(　　)

14. 正常蓄水位是水库最重要的特征水位，是指水库在正常运用情况下，为满足兴利要求应蓄到的高水位，又称正常高水位、兴利水位，或设计蓄水位。(　　)

15. 堤岸防护工程是保障大堤安全的前沿阵地，往往又是主流顶冲之处，水流深急极易出险，应该特别加强观察检查。(　　)

16. 水库允许最高水位，是指汛期防洪调度运用的上限水位。(　　)

17. 治水应该以“疏导”为主，因此，建水库拦蓄洪水和建堤防约束洪水都是错误的。(　　)

18. 大型水库是指库容大于5000万立方米的水库。(　　)

19. 三峡水库有巨大的防洪作用，因此，有了三峡工程，长江中下游的防洪问题基本解决了。(　　)

20. 既然南水北调中线工程设计调水能力为年调水90亿立方米，那么它就应该保证每年都能向北方调水不少于90亿立方米。(　　)

21. 草皮对堤坝坝坡具有防护作用，经常对坝体除杂不利于坝坡防护，因此除草除杂只能作为汛期的特殊措施使用。(　　)

22. 洪水风险图是进行洪水管理的科学依据之一。(　　)

23. 洪水重现期实际上是衡量洪水量级的一个标准，通常将重现期 10～20 年的洪水，称为较大洪水。（　　）

24. 某学校建在溪河边上，设计时经专家咨询，建在百年一遇洪水位以上，当溪河发生百年一遇洪水时基本上不会受到淹没威胁。（　　）

25. 某工厂建在溪河边上有 100 多年了，发生不超过百年一遇的洪水就不会受洪水的威胁。（　　）

26. 在确保防洪安全的基础上，水库防洪调度应考虑洪水资源利用。（　　）

27. 城市“看海”在我国的大中城市比小城市少见。（　　）

28. 水库在洪水期间，最高库水位和最大洪峰流量是同时出现的。（　　）

29. 在发生超过防御标准洪水时，必须实施保重点策略，最大限度减少灾害损失。（　　）

30. 溪河上修筑的桥梁，留的过水断面越大越不容易被洪水冲毁。（　　）

31. 随着水文预报科学技术水平的提高，防洪预报调度将是提高防洪效益的有效途径。（　　）

32. 上游修了水库下游就不会发生山洪灾害了。（　　）

33. 现在科学技术这么发达，只要有足够的投资，完全可以在堤基下面全部建设防渗墙，彻底消除堤基“管涌”隐患。（　　）

34. 当河道断面的过洪能力满足防洪保护对象的设计洪水要求时，就可以适当利用河滩地建房或其他公用设施。(　　)

35. 在湖泊水域内可以围网、围栏养殖和养殖珍珠、投化肥养殖。(　　)

36. 水库都有蓄洪、滞洪作用，因此，每座水库都应该有防洪库容。(　　)

37. 当水库水位高于设计洪水位低于校核洪水位时，水库大坝的突发事件应该定为重大事件。(　　)

38. 防汛抗洪的含义是指防止或减轻洪水灾害。(　　)

39. 水库遇下游防护对象防洪标准的洪水时，应按不超过下游河道安全泄流下泄，保证下游防洪安全。遇超标准洪水时，应采取各种措施确保大坝安全，不必考虑下游防洪损失。(　　)

40. 我国山洪灾害防治技术研究处于成熟阶段，形成了完整的山洪灾害防治理论体系和技术体系。(　　)

41. 危险区和安全区不是绝对的，而是在一定防洪标准内和实际情况下的危险与安全。(　　)

42. 丰满水电站是我国第一个大型水电站。(　　)

43. 历史上曾有过开凿松辽运河的计划。(　　)

44. 在沿海地区开采地下水，应谨防地面沉降和海水入侵。(　　)

45. 水利枢纽工程的水工建筑物，根据其所属枢纽工程的级别、作用和重要性，可分为5级。(　　)

三、单选题

1. 台风登陆前一天可能会风狂雨骤，但到了气象预报台风可能登陆的时间，却会风雨骤停，有时甚至阳光明媚，这种现象有可能是（　　）。

A. 台风过了，天气转晴

B. 台风减弱了，风雨逐渐减小并变成间歇性降雨直至天晴

C. 进入了台风眼，短时间后狂风暴雨又会突然袭来

D. 台风转向了，可能会有小雨，但已无危险

2. 河道安全泄量通常是指河道在（　　）时洪水能顺利安全通过河段而不致漫溢堤防或对两岸造成危害，不需要采取分蓄洪措施的最大流量。

A. 保证水位　　B. 枯水位

C. 汛限水位

3. 汛期来临之前，水库允许达到的最高水位称（　　）。

A. 校核洪水位　　B. 兴利水位

C. 防洪限制水位　　D. 防洪高水位

4. 当淤地坝发生较大险情，需要撤离人员时，应当（　　）。

A. 组织人员向地势较高处撤离

B. 组织人员向下游撤离

C. 组织人员按照该淤地坝防汛预案所确定的程

序、范围和人数、路线、方式和措施撤离到安全避险点

D. 通知相关人员自行撤离

5. 通常用（　　）、洪水总量和洪水总历时表示洪水特性的三个要素。

A. 洪峰水位　　B. 峰现时间

C. 洪峰流量　　D. 蓄水量

6. 下列关于百年一遇洪水说法正确的是（　　）。

A. 一百年最多出现一次

B. 一百年必须出现一次

C. 一百年可能出现多次

D. 以上说法都不对

7.（　　）是指在大汛期或平时高水位时，水压力、流速和风浪加大，各类水工建筑物均有可能因高度、强度不足，或存在隐患和缺陷而出现危及建筑物安全的现象。

A. 漫顶　　B. 防汛　　C. 抢险　　D. 险情

8. 治理黄河水患的关键是（　　）。

A. 开挖河道　　B. 中游治沙

C. 加固堤坝　　D. 修建水库

9. 治理黄河的根本措施是（　　）。

A. 加高加宽加固黄河大堤

B. 在上游修水库

C. 搞好黄土高原的水土保持

D. 多挖几条入海河道

10. 防汛抗洪是（　　）的事。
 A. 各级政府
 B. 防汛部门
 C. 人民解放军
 D. 政府行政首长负总责，相关部门各负其责，全体公民共同参与
11. 防御山洪的主要措施是（　　）。
 A. 避让为主，适当抗灾和有效救援相结合
 B. 水库拦蓄，堤防挡水，有效预警
 C. 搬迁为主，辅以抗灾和救援
 D. 抗灾为主，辅以避让和救援
12. 城市频频“看海”，是因为（　　）。
 A. 政府救灾不力
 B. 城市快速发展
 C. 排水设施能力不足
 D. 排水设施不足、城市快速发展和灾害应对能力不足
13. 下列说法正确的是（　　）。
 A. 洪灾的根本原因是人类侵占了洪水泛滥之地，因此，人类应该从这些地方搬迁出来，给洪水以出路
 B. 面对频繁发生的洪涝灾害，政府应该加大水利建设投入，提高防洪工程标准，彻底消除洪涝灾害隐患
 C. 国家水利建设投资不少，水利工程也越建越

多，但是，水灾仍然经常发生，国家不如把水利建设资金用于灾后灾民经济补贴

D. 人水争地是历史必然，人类关键是要把握一个“度”。同时，寻求与洪水共生，即大洪水时，选择性退让、承受一些损失；不发大洪水时发展生产，并在产业发展方向上、建（构）筑物的结构上和水电路等基础设施的建设标准上与洪水淹没相适应

14. 及时做好应急准备，有效处置突发事件，减少人员伤亡和财产损失的前提是（　　）。

A. 制度落实

B. 施工组织的实施

C. 早发现、早报告、早预警

D. 方案的制订

15. 在汛期，水库不得擅自在汛期限制水位以上蓄水，其（　　）以上的防洪库容的运用，必须服从防汛指挥机构的调度指挥和监督。

A. 正常蓄水位　　B. 防洪高水位

C. 汛期限制水位　　D. 设计洪水位

16. 如确需在河道管理范围内新建、扩建、改建各类工程建设项目，必须先经（　　）审查同意。

A. 当地人民政府　　B. 河道主管机关

C. 防汛部门　　D. 交通航道部门

17. 防洪库容是指汛限水位至（　　）之间的水库容积。

A. 正常水位　　　　B. 设计洪水位

C. 校核洪水位　　　D. 防洪高水位

18. 当江河水位达到（　　）时，堤防可能出现险情，此时防汛护堤人员应该加强巡视检查，严防死守，随时准备投入抢险。

A. 设计水位　　　　B. 警戒水位

C. 保证水位　　　　D. 洪峰水位

19. 进入汛期，防汛指挥部要实行（　　）值班制度，全程跟踪雨情、水情、工情、灾情，并根据不同情况启动相关响应工作。

A. 8 小时　　　　B. 12 小时

C. 16 小时　　　　D. 24 小时

20. 预防洪涝灾害的工程措施有（　　）。

A. 修筑堤坝和植树造林

B. 修筑梯田和植树造林

C. 修建水库和分洪区

D. 跨流域调水和修整土地

21. 江河堤防在高水位作用下，水流从河岸沿着堤基向堤内渗透，渗透水流经过强透水层到达堤内后，仍然具有很大压力，如果冲破了黏性土覆盖层，将下面的粉砂、细砂带出来，发生冒水涌砂现象，即称为（　　）。

A. 管涌　　B. 浓泡　　C. 翻水　　D. 流土

22. 汛期，水库不得擅自在（　　）以上蓄水。

A. 设计水位　　　　B. 正常水位

C. 汛限水位

23. 洪水频率常以“%”表示，水文上一般采用0.01%、0.1%、1%、10%、20%来表示不同量级的洪水。洪水频率越小，表示某一量级以上的洪水出现的机会越少。如洪水频率为1%，则表示为（　　）。

A. 100年一遇洪水　　B. 50年一遇洪水

C. 20年一遇洪水　　D. 10年一遇洪水

24. 水库规模通常按库容大小划分，大型水库的划分标准是（　　）。

A. 总库容小于10万立方米

B. 总库容为10万～1000万立方米

C. 库容为1000万～1亿立方米

D. 库容大于1亿立方米

25. 洪涝灾害发生之前，可能受威胁的人员收到防汛抗旱指挥机构发布的预警信息后，应该（　　）。

A. 密切关注，做好防范

B. 不当回事

C. 我行我素

D. 惊慌失措

26. 当发现河流堤防发生渗水、漏水、坍塌等险情时，应该（　　）。

A. 立即向有关责任人汇报

B. 任其发展

C. 围观

D. 不当回事

27. 兴建水库后，进入水库的洪水经水库拦蓄和阻滞，使得其洪峰流量和泄流过程分别（　　）。

A. 削减、延长　　B. 增大、延长

C. 削减、缩短　　D. 增大、缩短

28. 下列选项不属于水库垮坝洪水特点的是（　　）。

A. 洪峰高　　B. 历时短

C. 流速大　　D. 流速小

29. 泥石流到来前有何预兆？（　　）

A. 雨后道路泥泞

B. 暴雨过后山谷中传来雷鸣般的响声

C. 山上树叶向同一个方向晃动

D. 暴雨红色预警

30. 由于风浪冲击淘刷，大堤临水面坡土粒容易被水流冲走，导致形成（　　），严重的可使堤身发生崩塌。

A. 崩岸　　B. 浪坎　　C. 管涌　　D. 流土

31. 在一定时间内，降落到水平地面上的雨水深度称为雨量。按 24 小时雨量分为小雨、中雨、大雨、暴雨、大暴雨和特大暴雨 6 个等级，其中大暴雨为 24 小时降雨（　　）。

A. ＞250 毫米　　B. 100～249.9 毫米

C. 50～249.9 毫米　　D. 50～99.9 毫米

32. 1949 年以来，经过几十年的努力，我国已基本形成（　　）相结合的综合抗旱减灾体系。

A. 开源和节流措施

B. 工程和非工程措施

C. 常规和非常规措施

D. 日常和应急措施

33. 针对我国水资源时空分布不均衡的特点，应采取的最有效的工程措施是（　　）。

A. 节约用水，防止水污染

B. 修建水库，跨流域调水

C. 植树造林，治理沙漠

D. 人工降雨，改造局部地区气候

34. 开发利用水资源，应当首先满足（　　）用水。

A. 工业　　B. 农业

C. 城乡居民生活　　D. 生态环境

35. 在汛期，以发电为主的水库，其（　　）以上的防洪库容以及洪水调度运用必须服从有管辖权的人民政府防汛指挥机构的统一调度指挥。

A. 正常蓄水位　　B. 防洪高水位

C. 汛期限制水位　　D. 设计洪水位

36. 能保证防洪工程或防护区安全运行的最高洪水位称为（　　）。

A. 警戒水位　　B. 死水位

C. 限制水位　　D. 保证水位

37. 水库大坝按坝高分为低坝、中坝、高坝。其中，大于（　　）的称高坝。

A. 30 米　　B. 70 米
C. 100 米　　D. 200 米

38. 根据我国水闸等级划分标准，大型水闸是指（　　）的水闸。

A. 最大过闸流量大于等于 5000 立方米每秒
B. 最大过闸流量大于等于 1000 立方米每秒
C. 最大过闸流量大于等于 100 立方米每秒
D. 最大过闸流量大于等于 20 立方米每秒

39. 中型水库是指（　　）。

A. 总库容 1000 万～1 亿立方米的水库
B. 总库容 1000 万～5000 万立方米的水库
C. 总库容 100 万～10000 万立方米的水库
D. 总库容 100 万～5000 万立方米的水库

40. 随着可利用淡水资源的日益紧缺，有效利用海水资源开辟新水源具有非常大的潜力。海水淡化，是指将含盐量为 3500 毫克每升的海水淡化至（　　）毫克每升以下的饮用水。

A. 1000　　B. 2000　　C. 500　　D. 100

41. 利用遥感技术监测洪涝灾害与人工监测相比，其优点是（　　）。

①获取资料快，可及时进行动态分析
②受地面的限制小，可避免人员伤亡
③获取信息量大
④探测范围广，可在宏观上进行监测

A. ①②③　　B. ①③④

C. ①②④　　　　D. ①②③④

42.（　　）工程是当今世界规模最大的水利枢纽工程。其混凝土浇筑量、总装机容量都突破了世界水利枢纽工程的纪录。

A. 三峡水利枢纽　　　　B. 小浪底水利枢纽

C. 二滩水利枢纽　　　　D. 南水北调

43. 汛期是指河水在（　　）中有规律地显著上涨的时期。

A. 一月　　　　B. 半年

C. 一季度　　　　D. 一年

44. 当台风来临时，中国气象局向公众发布的台风预警信号分为（　　）级。

A. 二级　　B. 三级　　C. 四级

45. 当热带气旋减弱为（　　）时，则停止对其编号。

A. 热带风暴　　　　B. 台风

C. 热带低压

46. 警戒水位是指江河漫滩行洪、堤防可能发生（　　），需要开始巡堤查险、加强防守时的水位。

A. 险情　　　　B. 重大险情

C. 损毁　　　　D. 决口

47. 水库的中长期水文预报主要是预报（　　）。

A. 来水量　　　　B. 洪峰流量

C. 库水位　　　　D. 峰现时间

48. 汛期，对于中等危险地段，当降雨量达到注意警戒值时，必须派人雨中看守，直到持续降雨停止后（　　）。

A. 48 小时　　B. 24 小时

C. 12 小时　　D. 6 小时

49. 我国水情预警信号分为洪水、枯水两类，依据洪水量级、枯水程度及其发展态势，由低至高分为（　　）个等级，依次用（　　）表示。

A. 2，蓝色、红色

B. 3，蓝色、橙色、红色

C. 4，蓝色、黄色、橙色、红色

D. 5，蓝色、黄色、橙色、红色、褐色

50. 红色暴雨预警信号是指（　　）。

A. 12 小时内降雨量将达 50 毫米以上，或者已达 50 毫米以上且降雨可能持续

B. 6 小时内降雨量将达 50 毫米以上，或者已达 50 毫米以上且降雨可能持续

C. 3 小时内降雨量将达 50 毫米以上，或者已达 50 毫米以上且降雨可能持续

D. 3 小时内降雨量将达 100 毫米以上，或者已达到 100 毫米以上且降雨可能持续

51. 在干旱预警中，用不同颜色代表干旱预警的严重和紧急程度，其中代表特大干旱预警（Ⅰ级）的是（　　）色。

A. 红　　B. 橙　　C. 黄　　D. 蓝

52. 发布台风（　　）预警后，商业服务业应停止

室内外大型集会，加强对已开展工作的检查，及时发现隐患，确保各项措施落实到位。

A. 红色　B. 橙色　C. 黄色　D. 蓝色

53. 山洪灾害易发区启动预警分为四级，按严重程度依次升级，以颜色表示为（　　）。

A. 黄→蓝→橙→红　B. 橙→蓝→黄→红

C. 红→橙→黄→蓝　D. 蓝→黄→橙→红

54. 以下哪类水文测站不可以测流量？（　　）

A. 水文站　B. 水位站

C. 雨量站　D. 水质站

55. 因地震引起滑坡堵塞河道形成堰塞湖，排除这种险情应及时采取（　　）。

A. 绿化措施　B. 加固措施

C. 任其发展　D. 疏通措施

56. 防汛编织袋应是为防汛抢险专门制作的，要求编织袋的性能不包括（　　）。

A. 色泽明亮　B. 摩擦系数大

C. 透水性能好　D. 抗顶破能力强

57. 凌汛的处理措施和防护措施有（　　）。

A. 预防性破冰　B. 加热融冰

C. 洒水融冰　D. 破冰船破冰

58. 通常情况下，水库汛限水位位于以下哪两个水位之间？（　　）

A. 死水位与正常蓄水位

B. 正常蓄水位与防洪高水位

C. 防洪高水位与设计洪水位

D. 设计洪水位与校核洪水位

59. 一般情况下，湖泊水位接近或达到（　　）后，为保证湖泊堤防安全，需要考虑进行分洪调蓄。

A. 汛限水位　　B. 警戒水位

C. 保证水位　　D. 历史最高水位

60. 水库库容有死库容、兴利库容、防洪库容、总库容之分。总库容是指（　　）。

A. 对应于校核洪水位的库容

B. 对应于设计洪水位的库容

C. 对应于防洪高水位的库容

61. 水库遇大坝的设计洪水时，在坝前达到的最高水位，称为（　　）。

A. 防洪限制水位　　B. 设计洪水位

C. 正常高水位　　D. 防洪高水位

62. 洪水预报在防汛抗洪中起着十分重要的作用。洪水预报的预见期是指（　　）。

A. 从收到预报站资料开始到预报洪水要素出现时刻所隔的时间

B. 洪水从开始到终止的时间

C. 从发布预报时刻到预报洪水要素出现时刻所隔的时间

63. 水文是一门自然科学、一类技术服务工作、一项（　　）事业。

A. 基础性　　B. 公益性

C. 基础性公益性　　D. 水文化

64. 依据洪水划分等级标准，特大洪水重现期是（　　）。

A. 5年　B. 10年　C. 20年　D. 50年

65. 水情信息是用来（反映）描述（　　）、水库（湖泊）、地下水和其他水体及有关要素过去、现在及未来的客观状态及变化特征的数据。

A. 高山　B. 江河　C. 海洋　D. 陆地

66. 随着科技发展，人类改造自然地貌、运用先进技术抵抗灾害的案例不包括（　　）。

A. 建立三峡大坝，长江中下游洪涝灾害显著减少

B. 南水北调工程为北方抗击旱情提供新的工具

C. 新西兰、日本等国家的高层建筑采用先进抗震技术，抗震能力可达9级

D. 运用人工降雨技术，使我国干旱灾害明显减少

67. （　　）是1949年以来在黄河干流上兴建的第一座综合性枢纽工程，是黄河下游防洪减淤工程体系的重要组成部分，为河南等省提供了丰富的电力以及灌溉水源，对下游的防洪起了重大作用。

A. 小浪底水利枢纽工程

B. 三门峡水利枢纽工程

C. 南水北调中线穿黄工程

D. 万家寨水利枢纽工程

68. 遇特大或重大干旱情况暂时不能满足生态需水时，应考虑在有条件的情况下（　　）进行生态修复，弥补生态用水需求。

A. 人工增雨　　B. 调水

C. 开挖输水渠道　　D. 应急打井、挖泉

69. 蓄洪的措施主要有（　　）。

A. 水库

B. 蓄滞洪区

C. 水库和蓄滞洪区

D. 水库、蓄滞洪区和流域水土保持

70. 我国计算日降雨量的分界是（　　）。

A. 0—24 时　　B. 8—8 时

C. 12—12 时　　D. 20—20 时

71. 预报水库水位超过汛期限制水位并将泄洪时，水库管理机构应当根据防汛指挥机构的调度指令及时向（　　）通报。

A. 主管部门

B. 上级部门

C. 库区及下游水行政主管部门

D. 库区及下游地方人民政府防汛指挥部

72. 世界上最长的高坝是（　　）。

A. 三峡大坝　　B. 小湾大坝

C. 苏丹麦洛维大坝　　D. 锦屏一级大坝

73. 世界上第一座坝高超过 200 米的碾压混凝土重力坝是（　　）。

A. 光照大坝　　B. 水布垭大坝

C. 三峡大坝　　D. 溪洛渡大坝

74. 世界最高的面板堆石坝是（　　）。

A. 小湾大坝　　B. 水布垭大坝

C. 锦屏一级大坝　　D. 三峡大坝

75. 中国水利博物馆是我国第一座以水利为主题的国家级专业博物馆，它位于哪个城市？（　　）

A. 北京　B. 上海　C. 杭州　D. 武汉

76. 中国首次采用双排机布置的水电站是（　　）。

A. 李家峡水电站　　B. 刘家峡水电站

C. 公伯峡　　D. 龙羊峡水电站

77. 我国防止江河突发性污染事故的第一个规章制度是针对哪个流域发布的？（　　）

A. 长江流域　　B. 黄河流域

C. 淮河流域　　D. 海河流域

78. 我国第一个省级洪水预警报系统在哪个省份？（　　）

A. 浙江省　　B. 湖北省

C. 广东省　　D. 福建省

79. 三峡大坝的最大坝高是多少米？（　　）

A. 158　B. 175　C. 181　D. 185

80. 预警信号的约定可以采用（　　）事先约定。

A. 国家规定　　B. 政府统一规定

C. 当地群众习惯

81. 下列哪个描述是发布台风橙色预警的消息？

（　　）

A. 预计未来 48 小时将有强台风（中心附近最大平均风力 14 ～ 15 级）、超强台风（中心附近最大平均风力 16 级及以上）登陆或影响我国沿海

B. 预计未来 48 小时将有台风（中心附近最大平均风力 12 ～ 13 级）登陆或影响我国沿海

C. 预计未来 48 小时将有强热带风暴（中心附近最大平均风力 10 ～ 11 级）登陆或影响我国沿海

D. 预计未来 48 小时将有热带风暴（中心附近最大平均风力 8 ～ 9 级）登陆或影响我国沿海

82. 保证江河、湖泊在汛期安全运行的上限水位是指（　　）。

A. 保证水位　　B. 最高洪水位

C. 设计水位　　D. 校核水位

83. 防洪高水位至防洪限制水位之间的水库容积称为（　　）。

A. 总库容　　B. 死库容

C. 防洪库容　　D. 调洪库容

84. 水库遇大坝的设计洪水时在坝前达到的最高水位称为（　　）。

A. 防洪限制水位　　B. 设计洪水位

C. 正常高水位　　D. 防洪高水位

85. 校核洪水位以下的水库静库容称为（　　）。

A. 防洪库容　　B. 总库容

C. 兴利库容　　D. 调洪库容

86. 为了满足防洪要求，获得发电、灌溉、供水等方面的效益，需要在河流的适宜地段修建不同类型的建筑物，用来控制和分配水流，这些建筑物称为（　　）。

A. 水工建筑物　　B. 水利建筑物

C. 水电建筑物　　D. 发电建筑物

87. 失事后将造成下游灾害或严重影响工程效益的建筑物称为（　　）。

A. 挡水建筑物　　B. 输水建筑物

C. 主要水工建筑物　　D. 次要水工建筑物

88. 城市内涝在（　　）季经常发生。

A. 春　　B. 夏　　C. 秋　　D. 冬

89. 20 世纪 90 年代，我国为了解决农村饮水困难，建设了一批具有地方特色的工程，下列哪个工程不是？（　　）

A. 121 雨水集流工程　　B. 渴望工程

C. 380 饮水解困工程　　D. 坎儿井工程

90. 我国第一个节水型社会试点市是（　　）。

A. 绵阳　　B. 大连　　C. 张掖　　D. 西安

91. 南水北调工程的水源来自（　　）。

A. 长江　　B. 黄河　　C. 淮河　　D. 海河

92. 坎儿井的水源为（　　）。

A. 河水　　B. 高山雪水

C. 水库蓄水　　D. 雨水

93. 引滦入津工程的水源主要来自（　　）。

A. 三峡水库　　B. 密云水库

C. 官厅水库　　D. 潘家口水库

94. 水库规模通常按库容大小划分，小型水库的划分标准是（　　）。

A. 总库容小于 10 万立方米

B. 总库容为 10 万～1000 万立方米

C. 库容为 1000 万～1 亿立方米

D. 库容大于 1 亿立方米

95. 水库规模通常按库容大小划分，中型水库的划分标准为（　　）。

A. 总库容小于 10 万立方米

B. 总库容为 10 万～1000 万立方米

C. 库容为 1000 万～1 亿立方米

D. 库容大于 1 亿立方米

96. 南水北调东线工程的水源地是（　　）。

A. 黄河　　B. 海河

C. 长江　　D. 松花江

97. 对在水库大坝下游附近捕鱼行为的原则是（　　）。

A. 可以　　B. 白天可以

C. 严禁　　D. 晚上可以

98. 我国下列哪个地区，建成了海底大陆引水工程，从大陆向海岛引水。（　　）

A. 海口　B. 舟山　C. 香港　D. 大连

99. 以下地区中，水资源开发利用程度最高的是（　）。

A. 东北地区　B. 黄淮海地区
C. 长江中下游地区　D. 西南地区

100. 水利部珠江水利委员会位于（　）。

A. 广西南宁市　B. 云南昆明市
C. 广东广州市

101.（　）是当今世界规模最大的水利枢纽工程。其混凝土浇筑量、总装机容量都突破了世界水利工程的纪录。

A. 三峡工程　B. 小浪底工程
C. 二滩工程　D. 南水北调工程

102. 溢洪道出现事故的主要原因是（　）。

A. 溢洪道泄流能力不足
B. 坝身渗漏
C. 由于抗剪强度不足
D. 出现贯穿裂缝

四、多选题

1. 洪水等级分为（　）。

A. 小洪水　B. 中洪水
C. 大洪水　D. 特大洪水

2. 哪些人类活动会加剧山洪灾害？（　）

A. 毁林开荒

B. 坡地改梯地

C. 退耕还林

D. 乱采乱挖、随意弃土弃渣

3. 防洪工程措施主要是通过控制洪水、改变洪水特性来达到防洪减灾的目的，其内容包括（　　）等。

A. 水库工程　　B. 堤防工程

C. 分蓄洪工程　　D. 洪水保险

E. 洪泛区管理

4. 水库特征水位是指水库在不同时期为完成不同任务，需控制达到或允许消落的各种库水位，如正常蓄水位、（　　）、校核洪水位等。

A. 死水位　　B. 防洪限制水位

C. 防洪高水位　　D. 设计洪水位

5. 洪水预报是预见未来洪水变化的水文情报工作的一部分，洪水预报的内容主要有（　　）。

A. 洪水总量　　B. 洪峰流量

C. 洪峰出现的时间　　D. 洪水过程

6. 城市化发展给防洪带来的新挑战包括（　　）。

A. 雨岛效应

B. 地下工程和管道线缆工程增多，使得城市更加“不耐淹”

C. 地下排水设施的改造跟不上城市发展的步伐

D. 地面硬化改变了产汇流条件

7. 暴雨预警信号分四级，分别是（　　）。

A. 红色　　B. 橙色　　C. 黄色　　D. 蓝色

8. 山洪灾害监测预警系统主要包括（　　）。

A. 雨水情监测系统　　B. 监测预警平台

C. 预警系统　　D. 预案系统

9. 防汛物资是在抗洪抢险中用到的物品以及预防洪涝灾害所涉及的器材，主要包括（　　）。

A. 救生圈、救生衣

B. 防汛袋、土工布、砂石料

C. 装载机

D. 海事卫星系统

10. 洪水风险图的作用有（　　）。

A. 合理制定洪泛区的土地利用规划

B. 合理制订防洪指挥方案

C. 科学编制防洪预案

D. 合理估计洪灾损失

11. 农业抗旱可以通过（　　）措施来建立抗旱服务体系，以减轻干旱对农业造成的影响和损失。

A. 发展灌溉　　B. 发展旱作农业

C. 治理水土流失　　D. 推广节水技术

12. 台风防范的非工程措施对减轻台风灾害损失发挥着重要作用，以下（　　）属于非工程措施。

A. 避风港　　B. 防台预案

C. 监测预报预警　　D. 培训演练

13. 怎样主动规避城市内涝灾害？（　　）

A. 要建立完善的社会防范体系，包括建立内涝灾害的预报预警机制，提高政府、社区等各

级组织的应急管理水平，加强各单位抵御内涝的能力

B. 要学习在城市内涝灾害中的个人防范及自救知识，如预警信息接收、危险应对以及救生常识等

C. 非雨季，政府要加强城市排水系统建设，提高城市管网过水能力，进行城市河道整治，修建泵站和地下河等

D. 雨季来临前，政府要组织全社会的内涝检查，确保排水管网畅通，组织防汛知识学习与防汛演练，检查城市排水系统，采取必要的排涝措施

14. 洪涝灾害关系社会稳定和人民群众生命财产安全，应及时做好灾后恢复工作。灾后恢复工作内容主要有（　　）。

A. 抓紧恢复城乡供排水工程，及时抢修电力和通信设施，检测维护燃气供应管网，疏通各类交通通道，维护广播电视传输网络，尽快恢复与人民群众生产生活息息相关的基础设施功能

B. 加快田间排水，减轻涝灾损失，采取各种农业生产措施，恢复生产，保障市场供给

C. 做好灾区社会治安综合治理，严厉打击趁火打劫、偷盗破坏抢险救灾物资设备以及造谣惑众、哄抬物价、欺行霸市等违法犯罪行为

15. 加强城市排水能力的措施包括（　　）。

A. 增加城市透水地面面积

B. 加强城市绿化

C. 提高雨水利用效率

D. 增加城市临时蓄水设施

16. 山洪防御措施包括（　　）。

A. 尽可能多地了解山洪灾害防御知识，掌握自救逃生的本领

B. 观察、熟悉周围环境（特别是在陌生环境里），预先选定好紧急情况下躲灾避灾的安全路线和地点

C. 多留心注意山洪可能发生的前兆，做好随时安全转移的思想准备

D. 一旦情况危急，及时向主管人员和邻里报警，先将家中老人和小孩转移至安全处

17. 山洪灾害常用的预警方式有（　　）。

A. 电话、电视、手机短信

B. 预警广播

C. 手摇报警器、喇叭广播、鸣锣、人员喊话等

18. 当遭遇山洪时，可采取（　　）等措施减轻灾害损失。

A. 立即组织人员迅速逃离现场

B. 就近选择安全地方落脚

C. 设法与外界联系

D. 做好下一步救援工作

19. 发生山洪灾害时，应第一时间安排人员避险转移。关于人员转移，下列说法正确的是（　　）。

A. 先老幼病残孕，后其他人员

B. 先转移危险区人员，后转移警戒区人员

C. 信号发布责任人和转移组织者最后撤离

20. 黄河宁蒙河段是黄河凌汛防控关键河段，目前采取的主要防凌措施包括（　　）。

A. 水库调度　　B. 应急分洪区分凌

C. 防洪演练　　D. 紧急破冰

21. 水库泄洪前应将泄洪流量和时间等信息通知库区及下游河道沿岸地方政府防汛部门。以下哪些情况要及时通告？（　　）

A. 溢洪道将溢洪时

B. 溢洪道将加大或减小泄量时

C. 工程出现异常现象时

D. 发生超标准洪水进行非常洪水调度运用时

22. 下列哪些措施有利于水库防汛安全？（　　）

A. 经常对坝体除草除杂

B. 溢洪道泄洪通畅

C. 加强巡视检查

D. 在大坝坝脚建设房屋

23. 防洪区是指洪水泛滥可能淹没的地区，分为（　　）。

A. 洪泛区　　B. 防洪保护区

C. 经济开发区　　D. 蓄滞洪区

24. 水库按国家标准分为（　　）、（　　）、（　　）、小（1）型水库、小（2）型水库等五类。

A. 大（1）型水库　　B. 大（2）型水库

C. 旅游水库　　D. 中型水库

E. 供水水库

25. 常用的防洪工程有（　　）。

A. 堤防工程　　B. 水库工程

C. 蓄滞洪区工程　　D. 河道治理工程

26. 城市抗旱主要是通过哪些手段来减轻干旱对城市造成的影响和损失，确保城市供水安全的。（　　）

A. 应急开源　　B. 合理调配水源

C. 采取非常规节水　　D. 提高水价

27. 在抗旱工程措施中，提水工程包括（　　）。

A. 机电灌排站　　B. 机电井

C. 坎儿井　　D. 望天田

28. 在抗旱工程中，除了水库，还有哪些可以储备水源的设施？（　　）

A. 塘坝　　B. 水窖

C. 蓄水池　　D. 人工湖

29. 水库调度对下游河道凌情产生重要影响，主要原因为（　　）。

A. 直接影响凌汛期下游河道流量过程

B. 出库水温较高推迟下游河段流凌封河日期

C. 可以改变下游河段流量过程影响凌情

D. 水库拦沙影响下游河段冰凌形成

30. 在江河防汛中，经常用到几种特征水位：(　　) 是指汛期河道堤防开始进入防汛阶段的水位；(　　) 是指堤防临水到一定深度，有可能出现险情要加以警惕戒备的水位；(　　) 是根据防洪标准设计的堤防设计洪水位，或历史上防御过的最高洪水位。

A. 设防水位　　B. 安全水位
C. 警戒水位　　D. 紧急水位
E. 保证水位

31. 水文工作的主要作用是为水资源管理和保护提供重要支撑，(　　)，为经济社会发展提供全面服务。

A. 为防汛抗旱减灾决策提供科学依据
B. 为水生态保护提供技术服务
C. 为突发水事件提供应急服务
D. 为水利工程调度运行提供信息服务

32. 水文监测是指通过水文站网对江河、湖泊、渠道、水库的 (　　) 等实施监测，并进行分析和计算的活动。

A. 水位、流量、水质、水温、泥沙、冰情
B. 水下地形和地下水资源
C. 降水量、蒸发量
D. 墒情、风暴潮

33. 南水北调中线工程经过的省份有 (　　) 等。

A. 江苏　B. 山东　C. 河南　D. 河北

34. 掌握水库的特征水位十分重要。水库的主要特征水位有（　　），以及死水位等。

A. 设计洪水位　　B. 校核洪水位

C. 正常蓄水位　　D. 警戒水位

35. 为确保山丘区人民生命财产安全，当地防汛指挥部门应按照山洪可能涉及的范围和实际情况进行分区，一般分为“三区”，即（　　）。

A. 防护区　　B. 警戒区

C. 危险区　　D. 安全区

36. 水文测报的作用一方面是了解、掌握水文测站所在地区现时水雨情情况、水文情势变化情况和发展态势，另一方面可以通过实测水雨情信息，应用由（　　）分析率定的水文预报模型或通过水文学方法进行分析计算，预测预报预见期内水文要素的变化情况，为防汛抗旱调度决策提供科学依据。

A. 历史水文资料　　B. 历史灾害资料

C. 现实水文资料　　D. 现实灾害资料

37. 水文预报是根据前期或现时出现的水文、气象等信息，运用（　　）的原理和方法，对水体未来一定时段内的水文情势作出定量或定性的预报。

A. 水文学　　B. 气象学

C. 水力学　　D. 统计学

38. 水库是除害兴利的重要水利设施。水库调度可分为（　　）、（　　）两大类。

A. 防洪调度　　B. 灌溉调度

C. 发电调度　　D. 供水调度

E. 预报调度

39. 结合我国的江河防洪能力，对洪水的等级一般划分为：重现期在10年以下的洪水，为（　　）。重现期10～20年的洪水，为（　　）。重现期20～50年的洪水，为（　　）。重现期超过50年的洪水，为（　　）。

A. 一般洪水　　B. 较大洪水

C. 大洪水　　D. 特大洪水

40. 我国堤防种类繁多，按抵御水体类别分为（　　）

A. 湖堤　　B. 海堤

C. 河（江）堤　　D. 土堤

41. 污径比是污水排入量与河流径流量之比。一般它是小于1的系数。在河流水质比较清洁的条件下，下列关于污径比说法不正确的是（　　）。

A. 污径比小，水质好

B. 污径比大，水质差

C. 污径比小，水质差

D. 污径比大，水质好

42. 面对干旱灾害及其造成的影响，通常采用什么措施来应对？（　　）

A. 工程措施　　B. 非工程措施

C. 减少农业用水　　D. 生态抗旱

43. 生态抗旱主要通过什么措施来改善、恢复因干

旱受损的生态系统功能的？（　　）

A. 调水　　B. 补水

C. 营造湿地　　D. 地下水回灌

44. 在抗旱工程措施中，引水工程包括（　　）。

A. 有坝引水　　B. 无坝引水

C. 泵站抽水　　D. 跨流域调水

45. 在抗旱工程中，以下哪些属于提水工程？（　　）

A. 水库　　B. 水窖

C. 机电井　　D. 泵站

46. 我国著名的调水工程有（　　）。

A. 南水北调　　B. 引滦入津

C. 引黄济青　　D. 三峡工程

47. 调水工程可以起到哪些作用？（　　）

A. 缓解或解决了缺水地区城市和工农业用水，带来了水力发电、防洪、航运、养殖、旅游等综合效益

B. 可以使缺水地区增加水域，有利于水循环，改善受水区气象条件，缓解生态缺水

C. 可以增加受水区地表水补给和土壤含水量，形成局部湿地，有利于净化污水和空气，汇集、储存水分，补偿调节江湖水量，保护濒危野生动植物

D. 调水灌溉可以减少地下水的开采，有利于地表水、土壤水和地下水的入渗、下渗和毛管

上升，潜流排泄等循环，有利于水土保持和防止地面沉降

48. 节水灌溉是根据作物需水规律及当地供水条件，高效利用降水和灌溉水，用尽可能少的水投入，取得尽可能多的农作物产出的一种灌溉模式。以下哪些设施属于节水灌溉？（　　）

A. 喷灌　　B. 滴灌

C. 大水漫灌　　D. 微灌

49. 高空的云是否下雨，不仅仅取决于云中水汽的含量，同时还决定于云中供水汽凝结的凝结核的多少。由此产生了人工降雨技术，即人为地增加空气中凝结核的数量，达到降水目的。人工增雨的方法多种多样，主要有（　　）。

A. 高射炮、火箭、气球播撒催化剂法

B. 飞机播撒催化剂法

C. 地面烧烟法

D. 向龙王雨神求雨

50. 关于抗旱工作，说法正确的是（　　）。

A. 抗旱工作涉及社会的各个方面

B. 抗旱工作是政府行为，与个人无关

C. 抗旱工作以保证饮水安全和粮食安全为首要目标

D. 给予抗旱工作中作出突出贡献的集体和个人适当奖励

51. 山区饮水困难是干旱灾害的一个重要表现，其

主要发生在我国哪些地区？（　　）

A. 西北地区　　B. 长江中下游地区

C. 西南地区　　D. 华南地区

52. 抗旱信息的发布途径有（　　）。

A. 报刊　　B. 广播

C. 电视　　D. 互联网

53. 常见的蓄水工程按蓄水量从大到小分别有（　　）。

A. 水库　　B. 塘坝　　C. 水窖

54. 修建水库对防洪的意义有（　　）。

A. 调蓄洪水

B. 削减洪峰

C. 防洪安全，减免下游洪水灾害的重要意义

D. 带来经济效益

55. （　　）是防洪的工程措施。

A. 堤防　　B. 防洪水库

C. 蓄滞洪区

56. （　　）是防旱的应急水源。

A. 水库的蓄水　　B. 地下水

C. 海水

57. 为维持地下水采补平衡，应严格控制开采（　　）地下水。

A. 表层　　B. 浅层

C. 深层　　D. 承压层

58. 请从下列选项中选择位于黄河流域的水利工程

（　　）。

A. 龙羊峡　　B. 刘家峡
C. 丹江口　　D. 小浪底

五、简答题

1. 防洪的非工程措施有哪些？

2. 对于一条河流洪水治理，一般是采取多种措施相结合，构成防洪工程系统。现阶段我国主要江河都采取“拦蓄分泄、综合治理”的方针，请简要说明。

3. 堤防发生溃口险情后的紧急应对措施有哪些？

4. 请简述水库在防洪中的作用。

5. 什么是防洪工程措施？

6. 由于水库来水和用水之间往往是不相适应的，反映在不同月份或不同年份之间，因此必须对径流进行调节，调节方式有哪两种？

7. 什么叫警戒水位？

8. “引碧入连”是怎样的工程？

参考答案

一、填空题

1. 垫底库容，兴利库容，死水位、设计蓄水位、设计洪水位和校核洪水位

2. 汛限水位

3. 水量调出区，水量通过区，水量调入区

4. 蓄滞洪区　　5. 散浸

6. 冰塞，冰坝　　7. 警戒水位

8. 汛限　　9. 水库

10. 调水工程　　11. 蓄水工程

12. 引水工程，不包括从蓄水、提水工程中引水的工程

13. 提水工程，不包括从蓄水、引水工程中提水的工程

14. Ⅰ　　15. 北京市

16. 分，滞洪区，行洪区　　17. 安全泄量

18. 百年一遇　　19. 防洪

20. 无坝引水，有坝引水　　21. 基本站，专用站

22. 喷灌，滴灌，微灌

23. 短期预报，中期预报，长期预报

24. 保证水位　　25. 橙色

26. 经济效益，社会效益，环境效益

27. 节水灌溉　　28. 湖北省宜昌市

29. 无坝引水　　30. 人工增雨

31. 一般洪水，较大洪水，大洪水，特大洪水

32. 有下游防洪要求的洪水调度，无下游防洪任务的洪水调度

33. 坡地水土保持工程，沟谷内修建拦沙坝，河道加固和护岸工程，分沙池

34. 三峡　　35. 水库

36. 水源地　　37. 立封，平封

38. 清沟　39. 地下水库
40. 1 亿立方米
41. 微弯，分汊型，游荡型
42. 龙滩大坝　43. 锦屏一级大坝
44. 锦屏二级水电站　45. 三峡水电站
46. 三峡船闸　47. 1994
48. 1997　49. 393
50. 1994，1997　51. 人民胜利渠
52. 三盛公水利枢纽　53. 兴水利
54. 拦洪蓄水，调节水流

二、判断题

1. ×　2. √　3. √　4. √　5. ×　6. ×
7. √　8. √　9. √　10. √　11. √　12. √
13. √　14. √　15. √　16. √　17. ×　18. ×
19. ×　20. ×　21. ×　22. √　23. √　24. √
25. ×　26. √　27. ×　28. ×　29. √　30. √
31. √　32. ×　33. ×　34. ×　35. ×　36. ×
37. √　38. √　39. ×　40. ×　41. √　42. √
43. √　44. √　45. √

三、单选题

1. C　2. A　3. C　4. C　5. C　6. C
7. D　8. B　9. C　10. D　11. A　12. D
13. D　14. C　15. C　16. B　17. D　18. B
19. D　20. C　21. A　22. C　23. A　24. D
25. A　26. A　27. A　28. D　29. B　30. B

31. B	32. B	33. B	34. C	35. C	36. D
37. B	38. B	39. A	40. C	41. D	42. A
43. D	44. C	45. C	46. A	47. A	48. A
49. C	50. D	51. A	52. C	53. D	54. D
55. D	56. A	57. A	58. A	59. C	60. A
61. B	62. C	63. C	64. D	65. B	66. D
67. B	68. B	69. D	70. B	71. D	72. C
73. A	74. B	75. C	76. A	77. C	78. D
79. C	80. C	81. B	82. A	83. C	84. B
85. B	86. A	87. C	88. B	89. D	90. C
91. A	92. B	93. D	94. B	95. C	96. C
97. C	98. B	99. B	100. C	101. A	102. A

四、多选题

1. ABCD	2. AD	3. ABC	4. ABCD
5. ABCD	6. ABCD	7. ABCD	8. ABC
9. ABCD	10. ABCD	11. ABCD	12. BCD
13. ABCD	14. ABC	15. ABCD	16. ABCD
17. ABC	18. ABCD	19. ABC	20. ABD
21. ABCD	22. ABC	23. ABD	24. ABD
25. ABCD	26. ABC	27. AB	28. ABCD
29. ABC	30. ACE	31. ABCD	32. ABCD
33. CD	34. ABC	35. ABC	36. AB
37. ABC	38. AD	39. ABCD	40. ABC
41. CD	42. AB	43. ABD	44. AB
45. CD	46. ABC	47. ABCD	48. ABD

49. ABC　50. ACD　51. AC　52. ABCD
53. ABC　54. ABC　55. ABC　56. AB
57. CD　58. ABD

五、简答题

1. ①防洪区科学管理，包括蓄滞洪区的管理和洪泛区管理；②防洪法治建设及公民防洪减灾知识教育；③洪水预报、预警与防汛通信；④洪水保险；⑤防洪基金；⑥灾后救助与重建等。

2. 在上游地区采取水土保持措施和在干支流修建水库，以拦蓄洪水；在中下游修筑堤防和进行河道整治，充分发挥河道的宣泄能力，并利用河道两岸的湖泊、洼地辟为分蓄洪区，分滞超额洪量，以减轻洪水压力。

3. ①结合淹没区地形和溃口水位，估计可能的淹没范围并迅速转移危险区群众；②根据淹没区域的地形条件，利用有利地形（公路路基、灌排渠堤、地形高地等）加做子堤，控制洪水淹没范围；③综合河道洪水特性和淹没区域的实际情况，考虑退水和抽排情况，选择堵口时机，适时组织溃口封堵。

4. 水库是我国防洪广泛采用的工程措施之一。在防洪保护区上游河道兴建预留一定防洪库容的水库，发生洪水时，利用水库防洪库容实施削峰、错峰与拦洪调度，削减进入下游河道的洪峰流量，达到减免洪水灾害的目的。

5. 防洪工程措施是指利用水利工程拦蓄调节洪量、削减洪峰或分洪、滞洪等，以改变洪水天然运动状况，达到控制洪水、减少损失的目的。

6. 一年之内不同月份之间的调节称为年调节，年与年之间的调节称为多年调节。

7. 警戒水位是指在江、河、湖泊水位上涨到河段内可能发生险情的水位。一般来说，超过警戒水位时，堤防有可能出现险情，防汛部门要加强戒备，密切注意。

8. “引碧入连”是一座跨流域大流量的城市调水工程。调水始于碧流河水库，终于娃子店水库蓄水池。全长69.11公里，渠首日供水能力达130万立方米，引用流量15.05立方米每秒。

第三章
水旱灾害防御理念、政策与法规

知识问答

一、填空题

1. 编制（　　）是各级政府有计划、有准备地防御干旱灾害，最大限度地减轻干旱对城乡人民生活、生产和生态环境等造成的损失和影响，增强抗旱工作主动性的重要举措。

2.（　　）是我国第一部规范防洪工作的法律，也是我国第一部规范防治自然灾害工作的法律。

3. 按照《中华人民共和国防洪法》《中华人民共和国抗旱条例》和国务院“三定方案”的规定，在国务院领导下，（　　）负责领导组织全国的防汛抗旱工作。

4. 禁止在（　　）、（　　）管理范围内建设妨碍行洪的建筑物、构筑物，倾倒垃圾、渣土，从事影响河势稳定、危害河岸堤防安全和其他妨碍河道行洪的活动。

5. 堤防保护区内的（　　）均有承担巡堤查险的义务。

6. 禁止在江河、湖泊、水库、运河、渠道内弃置、堆放阻碍行洪的物体和种植阻碍行洪的（　　）。

7.（　　）是我国第一部规范抗旱工作的法规，填补了我国抗旱立法的空白。

8.（　　）实施要遵循（　　）、先生活后生产、先节水后调水、先地表后地下、保证重点、兼顾一般的原则。

9. 2002年开始，水利部会同原国土资源部、中国气象局、原建设部、原国家环保总局组织编制了《全国山洪灾害防治规划》，它是我国第一部山洪灾害防治规划，（　　）年由国务院正式批复。

10. 从2009年起，我国把每年的（　　）月（　　）日定为防灾减灾日。

11. 有防汛任务的地方人民政府应当建设和完善江河堤防、水库、蓄滞洪区等防洪设施，以及该地区的防汛通信、（　　）系统。

12. 按照国家防汛抗旱总指挥部发布的《防汛抗旱突发险情灾情报告管理暂行规定》，城区受淹面积达（　　）以上为重大突发灾情。

13. 按照国家防汛抗旱总指挥部相关文件规定，防汛编织袋储备年限为（　　）。

14. 防汛抗灾实行“以防为主，（　　）相结合”。

15. 发生干旱灾害，县级以上人民政府应当按照统一调度、保证重点、兼顾一般的原则对水源进行调配，优先保障城乡居民（　　）用水，合理安排（　　）和（　　）用水。

16. 特大防汛抗旱补助费，是由（　　）预算安排，用于补助遭受严重水旱灾害的省（自治区、直辖市）、计划单列市、新疆生产建设兵团、农业部直属垦区、水利部直属流域机构开展防汛抗洪抢险、修复水毁水利设施以及抗旱的专项补助资金。

17. 国家设立（　　）基金，用于防洪工程和水利工程的维护和建设。

18. 1991年，国家颁布《中华人民共和国水土保持法》，提出了（　　）的水土保持方针，对预防、治理、监督、法律责任等方面作出了明确规定。

19. 抗旱工作坚持（　　）、预防为主、防抗结合和因地制宜、统筹兼顾、局部利益服从全局利益的原则。

20. 县级以上人民政府应当根据（　　）和（　　）的承载能力，调整、优化经济结构和产业布局，合理配置水资源。

21. 有堤防的河道，其管理范围为两岸堤防之间的水域、沙洲、滩地，包括可耕地、（　　）、两岸堤防及护堤地。

22.（　　）是基层水利部门组建的应急抗旱专业队伍，在发生干旱时为旱区群众提供拉水送水、流动浇地、设备维修和抗旱技术指导等服务。

23. 各地在遭受特大干旱灾害时，要实行多渠道、多层次、多形式的办法筹集资金。坚持“（　　）”的原则，首先从地方财力中安排抗旱资金；地方财力确有困难的，可向中央申请特大抗旱补助费。

24. 抗旱应急响应分为（　　）四个等级。

二、判断题

1. 防洪措施的非工程措施包括法律法规、土地利用管理、洪水预测预报、防洪调度等。（　　）

2. 为抗旱保供水实施应急调度时，有限的水源必须服从统一调度。（　　）

3. 基层组织是城市内涝社会防范的基本单元，我们需要积极参与社区居委会、街道办以及村委会等基层组织的活动，认识我们所在的基层组织，熟悉基层组织的联系方式以及发布信息的相关渠道。（　　）

4. 任何单位和个人不得破坏、侵占、毁损水库大坝、堤防、水闸、护岸、抽水站、排水渠系等防洪工程和水文、通信设施以及防汛备用的器材、物料等。（　　）

5. 任何单位和个人都有保护防洪工程和依法参加防汛抗洪的义务。（　　）

6. 紧急防汛抢险需要取土占地、砍伐林木、清除阻水障碍物时，需先征得土地、林业部门的同意。（　　）

7. 发生台风灾害时，企业法人并不对本企业的防汛防台工作负总责。（　　）

8. 人民解放军、武警部队是防汛抗旱应急抢险的重要力量。（　　）

9. 开展防台风宣传教育、培训和演练是防台风指挥机构主要职责之一。（　　）

10. 在紧急防汛期，防汛指挥机构需要向本级人民政府请示后再调用其管辖范围内的物资设备、交通运输工具和人力。(　　)

11. 防汛经费按照分级管理的原则，分别列入中央财政和地方财政预算。在汛期，有防汛任务地区的单位和个人不承担防汛抢险的劳务和费用。(　　)

12. 非河道、水库、水电站、闸坝等水工程管理的单位和个人如果发现水工程设施出现险情，应当立即向所在单位或辖区领导报告。(　　)

13. 在防洪工程设施保护范围内，禁止进行爆破、打井、采石等危害防洪工程设施安全的活动，但可以取土、植树。(　　)

14. 防台指挥机构不负责灾情统计、核实和上报。(　　)

15. 目前政策性农业保险已在全国范围内推广。(　　)

16. 防洪基金与洪水保险在性质、作用及管理方面是完全一致的。(　　)

17. 省（自治区、直辖市）人民政府防汛指挥机构根据当地的洪水规律，制定汛期起止日期。(　　)

18. 防洪费用按照政府投入同受益者合理承担相结合的原则筹集。(　　)

19. 城市建设不得擅自填堵原有河道沟汊、储水湖塘洼淀和废除原有防洪围堤；确需填堵或废除的，应当经水行政主管部门审查同意，并报城市人民政府批

准。（　　）

20. 在紧急防汛期，为了防汛抢险需要，防汛指挥部有权在其管辖范围内，调用物资、设备、交通工具和人力，事后应当及时归还或者给予适当补偿。（　　）

21. 新修订的《中华人民共和国水法》颁布并施行于2003年。（　　）

22. 国家提倡农村开发水能资源，建设小型水电站，促进农村电气化。（　　）

23. 浙江“五水共治”是指治污水、防洪水、排涝水、保供水、抓节水这五项。（　　）

24. 1949年以来，我国第一部江河流域治理开发的规划是1954年编制完成的《黄河综合利用规划技术经济报告》。（　　）

三、单选题

1. 习近平总书记就保障国家水安全问题发表重要讲话时提出“（　　）、空间均衡、系统治理、两手发力”的新时代水利工作方针。

A. 科学治水　　B. 节水优先

C. 持续利用　　D. 治污先行

2. 2016年7月28日，习近平总书记在河北唐山考察时，提出了“两个坚持、三个转变”的新时期防灾减灾新理念。其中“两个坚持”是指（　　）。

A. 坚持以防为主、防抗救相结合，坚持常态减灾和非常态救灾相统一

B. 坚持以防为主，坚持生命至上

C. 坚持注重灾后救助，坚持注重灾前预防

D. 坚持综合减灾，坚持减轻灾害风险

3. 1988 年，规范水事活动的基本法——（　　）出台，标志着水利工作步入依法管理的新阶段。

A.《中华人民共和国水法》

B.《中华人民共和国防洪法》

C.《中华人民共和国水土保持法》

D.《中华人民共和国水污染防治法》

4.《中华人民共和国防洪法》规定，有防洪任务的（　　）以上各级人民政府都要成立防汛指挥机构，其受上级防汛指挥机构和同级人民政府的领导。

A. 省级　　B. 市级　　C. 县级　　D. 乡级

5. 我国某省发生干旱灾害，干旱预警应由（　　）发布。

A. 中华人民共和国水利部

B. 省级人民政府防汛抗旱指挥机构

C. 市级人民政府

D. 当地的新闻媒体

6.《中华人民共和国防洪法》规定，当江河、湖泊的水情接近保证水位或者安全流量时，可以由（　　）宣布进入紧急防汛期。

A. 事发地上一级防汛指挥机构

B. 事发地上一级人民政府

C. 有关县级以上人民政府防汛指挥机构

7. 防汛抗洪工作实行各级人民政府（　　）负责制，统一指挥，分级分部门负责。

A. 行政首长　　B. 分管领导

C. 业务部门　　D. 水利部门

8. 按照《中华人民共和国防洪法》的规定，对河道、湖泊范围内阻碍行洪的障碍物，按照（　　）的原则，由防汛指挥机构责令限期清除；逾期不清除的由防汛指挥机构组织强行清除，所需费用由设障者承担。

A. 谁设障，谁清除

B. 河道管理单位清除

C. 水行政主管部门清除

D. 地方政府清除

9. 在河道管理范围内建设桥梁、码头和其他拦河、跨河、临河建筑物、构筑物，铺设跨河管道、电缆，应当符合国家规定的（　　）和其他有关的技术要求，工程建设方案应当依照《中华人民共和国防洪法》的有关规定报经有关水行政主管部门审查同意。

A. 防洪标准　　B. 防汛标准

C. 防汛指标　　D. 行洪标准

10.（　　）都有保护抗旱设施和依法参加抗旱的义务。

A. 任何单位和个人

B. 防汛抗旱指挥机构工作人员

C. 水行政主管部门

11. 河道防洪应该采取（　　）措施。

A. 疏导

B. 拦蓄

C. 以泄为主、蓄泄兼筹

D. 生物降解

12. 有防汛抗洪任务的企事业单位，应当根据所在流域或者地区的防御洪水方案，制定本单位的（　　）措施，在征得所在地水行政主管部门同意后，报本企业的上级主管部门批准。

A. 防汛抗洪　　B. 搬迁避让

C. 生产自救

13. 防洪保护区是指（　　）的地区。

A. 在防洪标准内受防洪工程设施保护

B. 在防洪标准外受防洪工程设施保护

C. 尚无工程设施保护

14. 山洪灾害防治措施应坚持“以防为主、防治结合”“以非工程措施为主、以非工程措施和工程措施相结合”的原则。以下哪一项不属于非工程措施？（　　）

A. 山洪灾害普查

B. 建挡土墙

C. 危险区的划定

D. 雨量和水位等预警指标的确定

15. 根据国务院发布的《关于蓄滞洪区安全与建设指导纲要》，对蓄滞洪区的土地利用和生产活动应进行（　　）。

A. 鼓励　　　　B. 限制

C. 禁止　　　　D. 任其自然

16. 实行最严格的水资源管理制度的“三条红线”是（　　）。

A. 水资源开发利用控制红线、用水效率控制红线、水功能区水质达标红线

B. 水资源开发利用控制红线、用水效率控制红线、水功能区限制纳污红线

C. 水资源开发利用控制红线、水资源总量控制红线、水功能区限制纳污红线

D. 水资源总量控制红线、用水效率控制红线、水功能区限制纳污红线

17.《中华人民共和国防洪法》于（　　）年正式施行。

A. 1996　　B. 1997　　C. 1998　　D. 1999

18. 现行《中华人民共和国水法》是2016年7月2日全国人大常委会审议修订的，自（　　）起施行。

A. 1988年1月21日

B. 2016年7月2日

C. 2016年9月1日

D. 2016年10月1日

19. 我国于2005年重新修订并颁布施行《中华人民共和国防汛条例》，与修订前相比，主要是增加了（　　）的内容。

A. 防御洪水方案　　　　B. 洪水调度方案

C. 城市防洪预案　　D. 防汛应急抢险方案

20.《中华人民共和国水法》所称水工程，是指在江河、湖泊和地下水水源上开发、利用、控制、调配和保护水资源的（　　）工程。

A. 相关　B. 所有　C. 不同　D. 各类

21. 国家对水资源实行（　　）的管理体制。

A. 流域管理与行政区域管理相结合

B. 统一管理和分级管理相结合

C. 统一管理和分级、分部门管理相结合

D. 按水系统一管理和分级管理相结合

22. 武警部队参加抗洪抢险调度由（　　）向当地县级以上政府行政首长提出请求，当地政府首长报上一级行政首长批准后，按武警部队调动程序办理。

A. 险情所在地防汛指挥部

B. 县级防汛指挥部

C. 险情所在地武警部队

23. 在（　　），公安、交通等有关部门应当保障防汛指挥抢险车辆优先通行，并按照特种车辆对待。

A. 主汛期　　B. 汛期

C. 非汛期　　D. 汛后

24. 洪水保险是对洪水灾害引起的经济损失所采取的一种由社会或集体进行经济赔偿的办法。《中华人民共和国防洪法》第四十八条明确：国家（　　）开展洪水保险。

A. 鼓励、扶持　　B. 强制

C. 不允许

25. 水文情报预报由县级以上人民政府防汛抗旱指挥机构、水行政主管部门或者（　　）按照规定权限向社会统一发布。

A. 水文机构　　B. 气象部门

C. 环保部门　　D. 海洋部门

26. 在河道管理范围内进行采砂、取土、淘金、弃置砂石或者淤泥活动，必须报经（　　）批准。

A. 水行政主管部门　　B. 国土资源部门

C. 环保部门

27. 在河道管理范围内采砂、取土，必须按规定向水行政主管部门缴纳（　　）。

A. 管理费

B. 河道护岸修建维护费

C. 水资源费

28. 为了保障河道畅通行洪，根据防洪法、河道管理条例，在河道管理范围内，禁止修建围堤、阻水渠道、阻水道路；种植高秆农作物、芦苇、杞柳、荻柴和树木（堤防防护林除外）；设置（　　）；弃置矿渣、石渣、煤灰、泥土、垃圾等。

A. 农作物　　B. 通信线路

C. 高秆农作物　　D. 拦河渔具

E. 桥梁

29. 山洪地质灾害防治要坚持（　　）相结合。

A. 建设和预防

B. 工程建设和社会管理

C. 工程措施和非工程措施

D. 监测与预警

30. 防洪水库汛期的防洪调度由（　　）负责。

A. 有调度权限的防汛抗旱指挥机构

B. 水库运行管理单位

C. 有调度权限的电力调度机构

D. 堤防管理单位

四、多选题

1. 除《中华人民共和国防洪法》外，直接与防汛抗旱相关的法规有（　　）。

A. 《中华人民共和国防汛条例》

B. 《中华人民共和国抗旱条例》

C. 《水库大坝安全管理条例》

D. 《中华人民共和国河道管理条例》

2. 已建水能资源开发项目的运行管理必须遵循发电服从（　　）的调度原则。

A. 防洪安全　　B. 生态安全

C. 旅游安全　　D. 供水安全

3. 根据《中华人民共和国防汛条例》，有防汛任务的县级以上地方人民政府设立防汛指挥部，由（　　）负责人组成，由各级人民政府行政首长担任指挥。

A. 有关部门　　B. 当地驻军

C. 人民武装部　　D. 政府机关

4. 在（　　）内建设非防洪建设项目，应当就洪水对建设项目可能产生的影响和建设项目对防洪可能产生的影响作出评价，编制洪水影响报告，提出防御措施。

A. 洪泛区　　　　B. 防洪保护区

C. 蓄滞洪区　　　D. 经济开发区

5. 水库、拦河闸坝等工程调度和安全管理应该编制（　　）。

A. 调度规程

B. 汛期调度运用计划

C. 防汛抢险应急预案

D. 安全管理应急预案

6. 乡（镇）人民政府、街道办事处在防汛抗旱防台风中的主要职责包括（　　）等。

A. 负责本地区防汛抗旱防台风与抢险救灾避险的具体工作

B. 编制防汛抗旱防台风预案

C. 配合开展农村住房防灾能力调查

D. 按规定储备防汛抗旱防台风物资

7. 洪水预警安全转移方案通常以（　　）为原则。

A. 就近　B. 迅速　C. 安全　D. 有序

8. 防洪调度运用权限与组织实施，包括（　　）等内容。

A. 水库、蓄滞洪区等工程调度运用

B. 防汛队伍的调度

C. 防汛物资的调度

D. 蓄滞洪区的迁安救护

9. 水库防洪调度的基本任务有（　　）。

A. 确保水库安全

B. 确保下游防洪安全

C. 兴利综合效益

10. 巡堤查险范围包括（　　）。

A. 堤顶

B. 内外坡面

C. 坡脚

D. 内外平台及护堤地

11. 根据水法第三十七条规定，禁止在河道管理范围内从事下列（　　）行为。

A. 建设妨碍行洪的建筑物、构筑物

B. 从事影响河势稳定的活动

C. 危害河岸堤防安全的活动

D. 其他妨碍河道行洪的活动

12. 擅自到水库设计洪水位以下种植（　　），或者从事其他生产经营活动，水库按调度规程蓄水对其造成淹没损失的，政府及水库管理单位（　　）赔偿责任。

A. 树木　　B. 农作物

C. 承担　　D. 不承担

13. 防洪工作实行（　　）的组织原则。

A. 集中领导　　B. 统一指挥

C. 部门负责　　　　D. 全员防洪

14. 抗旱服务组织是基层水利部门组建的应急抗旱专业队伍，在发生干旱时为旱区群众提供哪些服务？(　　)

A. 拉水送水　　　　B. 流动浇地

C. 设备维修　　　　D. 抗旱技术指导

15. 跨流域、跨省区（区域）水量应急调度预案的编制应遵循以下原则（　　）。

A. 贯彻“以人为本”原则，保障用水安全，维护社会稳定，促进经济可持续发展

B. 遵循“统筹兼顾”原则，优先保障生活用水，兼顾生产和生态用水

C. 坚持“统一调度”原则，统一指挥调度，分级分部门负责管理，保证水量应急调度的顺利实施

D. 突出“协调一致”原则，协调解决好与应急调水有关的地区、部门以及行业之间的关系

E. 体现“可操作性”原则，预案应科学合理、明确具体，对水量应急调度工作能够发挥具体指导作用

16. 抗旱条例中规定，禁止以下哪些行为？(　　)

A. 非法引水、截水

B. 侵占、破坏、污染水源

C. 破坏、侵占、毁损抗旱设施

D. 压减供水量

17. 在全国主要江河洪水编号规定中，采用（　　）作为洪水编号标准。

A. 警戒水位（流量）

B. 3 年一遇～5 年一遇洪水量级水位（流量）

C. 影响当地防洪安全的水位（流量）

18. 蓄滞洪区管理，是指运用（　　）手段，对蓄滞洪区的防洪安全与建设进行管理的工作。

A. 法律　B. 经济　C. 技术　D. 行政

19. 防汛队伍主要由（　　）组成。

A. 防汛专业队伍

B. 群众防汛队伍

C. 人民解放军和武警部队

D. 民兵队伍

20. “大水文”发展理念就是强调水文要（　　）。

A. 从行业水文向社会水文转变

B. 立足水文面向水利服务

C. 从社会水文向行业水文转变

D. 立足水利面向全社会服务

21. 根据防洪法，进行防洪工作应当遵循的原则为（　　）。

A. 全面规划、统筹兼顾

B. 预防为主、综合治理

C. 局部利益服从全局利益

D. 以蓄为主、防漏堵决

22.《中华人民共和国抗旱条例》包括以下哪些内容？（　　）

A. 抗旱工作的职责和基本原则

B. 抗旱规划及预案的编制与实施

C. 紧急抗旱期的管理、保障措施

D. 抗旱信息的建设与管理等

23. 以下属于抗旱服务组织的有（　　）。

A. 省抗旱服务总站

B. 市抗旱服务中心站

C. 县抗旱服务站（队）

D. 乡镇抗旱服务分站（队）

24. 抗旱条例中规定，抗旱工作的原则包括（　　）。

A. 以人为本

B. 预防为主、防抗结合

C. 因地制宜

D. 统筹兼顾

E. 局部利益服从全局利益

参考答案

一、填空题

1. 抗旱预案
2. 《中华人民共和国防洪法》
3. 国家防汛抗旱总指挥部
4. 河道，湖泊

5. 任何单位和个人
6. 林木及高秆作物
7.《中华人民共和国抗旱条例》
8. 抗旱应急水量调度，先本地水后外调水
9. 2006
10. 5，12
11. 预警预报
12. 50%
13. 5 年
14. 防、抗、救
15. 生活，生产，生态
16. 中央财政
17. 水利建设
18. 预防为主
19. 以人为本
20. 水资源，水环境
21. 行洪区
22. 抗旱服务组织
23. 地方自力更生为主，国家支持为辅
24. Ⅳ级、Ⅲ级、Ⅱ级和Ⅰ级

二、判断题

1. √ 2. √ 3. √ 4. √ 5. √ 6. ×
7. × 8. √ 9. √ 10. × 11. × 12. ×
13. √ 14. × 15. × 16. × 17. √ 18. √
19. √ 20. √ 21. × 22. √ 23. √ 24. √

三、单选题

1. B 2. A 3. A 4. C 5. B 6. C
7. A 8. A 9. A 10. A 11. C 12. A
13. A 14. B 15. B 16. B 17. C 18. C
19. B 20. D 21. A 22. A 23. B 24. A
25. A 26. A 27. A 28. D 29. C 30. A

四、多选题

1. ABCD	2. ABD	3. ABC	4. AC
5. ABCD	6. ABCD	7. ABCD	8. ABCD
9. ABC	10. ABCD	11. ABCD	12. BD
13. ABCD	14. ABCD	15. ABCDE	16. ABC
17. ABC	18. ABCD	19. ABC	20. AD
21. ABC	22. ABCD	23. ABCD	24. ABCDE

第四章
治水文化与水利史

知识问答

一、填空题

1. 都江堰是公元前256年战国时期秦国蜀郡太守（　　）率众修建的我国最伟大的水利工程之一，目前仍在发挥着兴利除害的作用。

2. 为解决荆江防洪问题，1952年国家在荆江上建设了1949年以来的第一个重大水利工程——（　　），该工程为夺取抗御1954年长江流域特大洪水的胜利发挥了重要作用。

3. 北宋科学家、政治家沈括的（　　）是一部涉及古代中国自然科学、工艺技术及社会历史现象的综合性笔记体著作。英国科学技术史专家李约瑟评价该书为中国科学史上的里程碑。该书有许多条目记述了古代水利、建筑工程等方面的技术创新与发明，如黄河堵口、测量汴渠、制作木地图、修建船闸、修筑苏州至昆山长堤、制造水利机械等。

4. 1949年以来，长江发生的两次最著名的流域性特大洪水，一次是1954年，一次是（　　）年。

5. 淮河流域以废黄河为界，分为（　　）两大水系。

6.（　　）年，毛泽东主席亲笔题字“一定要把淮河修好”。

7. 公元前651年，齐桓公召集鲁、宋、卫、郑、许、曹等国在葵丘即今河南兰考会盟，为解决跨诸侯国的水利矛盾订立盟约，这就是历史上有名的（　　）。

8. 公元前219年，秦始皇进军岭南，监禄在今广西兴安县境内开凿人工运河——（　　），沟通了长江和珠江两大水系。

9. “君不学白公引泾东注渭，五斗黄泥一钟水。”这句词出自（　　）的《为东阳令王都官概作》，描述的是泾河上的（　　）。

10. 我国古代有几部重要的水利著作，如潘季驯著（　　）、瞻思著（　　）、司马迁著（　　）以及郦道元著（　　）。

11. 秦代修建了著名的三大水利工程，它们是（　　）。

12. 民国时期，李仪祉在规划了“关中八惠”以后，又规划了“陕南三惠”。它们是（　　）。

13. 1938年6月9日凌晨，国民政府军队扒开黄河（　　），造成人为决口。这次决口使得穿越豫东大平原的新黄河成为军事分界线，把日军阻隔在黄泛区的东面。直到1944年日本发动打通大陆交通线战役，郑州才被他们攻取。但决口同时酿成1200万人受灾、390万人流离失所、几十万人死亡的空前灾难，形成震惊世界的中国“黄泛区”。

14. 徐霞客是明代地理学家、旅行家和文学家，他经过30年考察，撰成了60万字的地理名著（　　）。徐霞客对许多河流的水道源流进行了探索，其中以长江最为深入。他对“岷山导江”的说法产生了怀疑。最后确认（　　）发源于昆仑山南麓，比岷江长500多公里，于是断定它才是长江源头。

15. 我国现存最早的防洪法规是（　　），它诞生于（　　）代，是当年颁布的29种泰和律中的一种。

16. （　　）是中国古代的水标尺，又名水志，为江河防洪、报汛之用。

17. 东汉初年，出现了一位治河名人——（　　）。经他治理后，长期泛滥的黄河河道稳定了下来。他治河的措施除了修筑堤防、疏浚河道外，还有一项比较特殊的措施，即“十里立一水门，令更相洄注”。

18. 三国时，曹魏一次著名的水浮力测量是（　　）。

19. 长江上游著名的枯水题刻（　　），是研究长江上游流域枯水或干旱、水文、水资源的宝贵资料，被称为长江最古老的水位站。

20. 中国大运河主要由（　　）共三大部分组成。

21. 中国第一个水利学术团体是中国水利工程学会，创建于1931年，首任会长是（　　）。

22. 我国唯一一个省份名称与河流名称相同的是（　　）省。

23. 在山西吉县和陕西宜川之间的黄河峡谷中，有一处著名的风景区，这就是（　　）。

24.（　　）曾经是我国西北干旱地区最大的湖泊，湖面达12000平方公里，20世纪初仍达500平方公里，到了1972年，最终干涸。当年楼兰人在湖泊边筑造了10多万平方米的楼兰古城。

25. “贾鲁修黄河，恩多怨亦多”这是后人对元代贾鲁治河的评价。这首诗的后两句是“（　　）”。

26. 1968—1972年，苏丹-撒哈拉地区遭受了人类有史以来最为严重的大旱灾。在这段灾难期间，有20多万人及数以百万计的牲畜死亡。这便是骇人听闻的（　　）。

27. 淮河发源于河南（　　）。

28. 淮河流域的最高峰（　　）或石人山，海拔2152米，位于河南省平顶山市鲁山县西，地处伏牛山东段。

29.（　　）水库是淮河流域最大的山区水库，总库容26.32亿立方米。

30. 淮河主流在江苏扬州（　　）入长江。

31. 淮河流域古代水文化遗存十分丰富，其中被人形象地称为“七分朝天子，三分下江南”的古代水利枢纽工程是（　　）。

32. 我国历史上有明确文字记载的第一个“水工”即水利工程师名叫（　　），他是韩国人，他主持修建的水利工程被命名为郑国渠。

33. 清朝末年有一位状元，他放弃了官场，投身实业，成为近代水利事业的开拓者。他创办了第一所水利学校河海工程专门学校，这就是今天河海大学的前身。这位状元的名字是（　　）。

34. 林则徐不仅是虎门销烟的民族英雄，还是一位水利专家，曾参与黄河堵口，在各地任上都有水利政绩。他一生唯一一部专著是关于海河水利的（　　）。

35. 我国元代修建了许多重要的水利工程，郭守敬主持修建了连接通州和大都的（　　）。

36. 民国时期，李仪祉在陕西领导建成了泾惠渠。此后在关中地区共建成八条以“惠”为名的灌渠，即“关中八惠”。它们是（　　）。

37. 民国时期，甘肃省最主要的水利工程是建在金塔县城西南 12 公里的（　　）。

38. 我国历史上“以水代兵”的战例很多。明崇祯十五年，起义军打算水淹开封，开封守军也打算水淹起义军营寨。双方同时决开黄河，造成上百万户流离失所，而作战双方都没有占到便宜。双方的领军人物是（　　）。

39. 战国时期的“晋阳之战”是我国以水进攻的重要战例。公元前 455 年，晋国的智伯率韩康子与魏桓子大举进攻赵襄子。赵寡不敌众，退守晋阳城。智军猛攻晋阳城 3 个月未能攻下，继续围困该城一年多仍无果。公元前 453 年，智伯命令士兵在晋水上游筑坝，形成水库，放库水灌晋阳城，晋阳城被淹。此时，智伯以为胜利在握，得意地说：“吾乃今知水可以亡人国也。”韩、魏二人听了这话，担心智伯以后会用同样的方法用水灌韩、魏的城池。于是反戈与赵联合，并决开晋水河堤用晋水冲智军，大败智军，杀智伯，并灭智氏宗族，瓜分其土地，史称（　　）。

40. 水淹七军是三国时代非常著名的战役。《三国演义》讲述了关羽有预谋地决堰放水，大破魏军。事实是，魏军人马驻扎在山谷内，由于（　　）突然上涨，魏军遭受了自然灾害，以致“于禁等七军皆没”。

41. 汶上老人白英是历史上文字记载少有的平民水利专家，他修建的（　　）和（　　）在中国运河史上占有很重要的地位。

42. 徐光启是我国明代著名的农学家，他最重要的农学著作是（　　）。此外，他还翻译了一部西方水利著作（　　）。

43. 我国历史上有几大名楼都傍水而建，如黄鹤楼建在武汉长江边，滕王阁建在南昌赣江边，岳阳楼建于洞庭湖边，鹳雀楼建于（　　）边。

44. 明代地理学家、旅行家和文学家是（　　），他经过30年考察，撰成了60万字的地理名著（　　）。

45. 清代台湾最大的灌溉工程是（　　），唯一的官修水利工程是（　　）。

46. 2010年8月7日，甘肃（　　）发生特大泥石流灾害，导致1000多人死亡和失踪。

二、判断题

1. 安丰塘是我国水利史上最早的大型陂塘灌溉工程，主要水源是淠河。(　　)

2. 1914 年在广州成立的督办广东治河事宜处是珠江流域最早的专职治水机构。(　　)

3. 淮河干流两岸行蓄洪区众多，濛洼蓄洪区位于河南淮滨县境内。(　　)

4. 黄河注入渤海。(　　)

5. 在里下河地区的兴化，有一种特殊的农田——垛田，它不仅可以栽种作物，还可以防洪。(　　)

6. 黄海因黄河等入海河流挟带泥沙过多，使近海水呈黄色而得名。(　　)

7. 扎龙湿地是我国大型珍贵水禽综合自然保护区。(　　)

8. 东汉永和五年（140 年），会稽郡太守马臻在这一地区主持兴建了鉴湖，发挥效益达 600 年之久的富中大塘，遂被纳入鉴湖。(　　)

9. 永定河在元明时期有“无定河”等别称。“可怜无定河边骨，犹是春闺梦里人”所描述的情形就发生在永定河畔。(　　)

10. 千里淮河的第一关是长台关。(　　)

11. 保证明祖陵、明皇陵和泗州城不受淹没，是明代高家堰建设过程中的主要控制性因素。(　　)

12. 唐宋时期的泗州城海拔只有 7 米左右，常常遭受淮河洪水侵袭。站在这里的淮河边偶尔能看到、听到

海潮上溯。(　　)

13. 淮安的河道总督署（清晏园）是明代河道总督潘季驯修建的。(　　)

14. 设在淮安的漕运总督部院是江南河道总督办公的地方。(　　)

15. 归江十坝的作用是控制通过里运河入长江的淮河、洪泽湖水量。(　　)

16. 南四湖、北五湖都属于淮河流域。(　　)

三、单选题

1. (　　) 是世界上最早防御洪水的工程手段。

A. 堤防工程　　B. 水库工程

C. 蓄滞洪工程　　D. 河道治理工程

2. 历史上，黄河决口对两岸的城市造成很大的破坏。在黄河中下游地区，遭受水灾次数最多、破坏最严重的城市是 (　　)。

A. 开封　　B. 郑州　　C. 徐州　　D. 济南

3. 清朝为了加强对黄河的治理，任命了专门管理黄河的最高行政长官，这一长官的名称是 (　　)。

A. 河道总督　　B. 黄运总督

C. 河流总理　　D. 直隶总督

4. 淠史杭灌区以大别山区五大水库为主要水源，以蓄、引、提相结合的“(　　)”灌溉系统著称于世。

A. 互联互通式　　B. 梯级式

C. 网格式　　D. 长藤结瓜式

5. 黄河历史上经常改道泛滥，造成灾害。一般认为，有史料记载的黄河第一次大改道发生在（　　）。

A. 公元前 21 世纪　　B. 公元前 602 年

C. 公元前 221 年　　D. 公元 11 年

6. 水位尺是在江、河、湖泊或其他水体的指定地点测定水面高程的装置。中国最原始的水位尺位于（　　）。

A. 灵渠　　B. 红旗渠

C. 郑国渠　　D. 都江堰

7. 我国最早的蓄水灌溉工程是（　　）。

A. 都江堰　　B. 芍陂

C. 坎儿井　　D. 水窖

8. 为应对区域干旱频发、严重缺水而修建的红旗渠位于（　　）。

A. 陕西省宝鸡市　　B. 山西省临县

C. 河南省林州市　　D. 河南省洛阳市

9. “水利”一词出自汉代司马迁所著的《史记·河渠书》，其当时的特定含义是（　　）。

A. 治理黄河、排水、开运河

B. 治理黄河、兴建灌溉工程、开运河

C. 治理黄河、兴建灌溉工程、漕运

10. “汛”的字义是江河定期涨水。如春汛、凌汛、潮汛、桃花汛、伏汛等。古代“汛地”“汛守”特指汛期的什么专门事务？（　　）

A. 堤防分段值守　　B. 传递洪水信息

C. 抢险

11. 北运河上游称温榆河，以下有通惠河、凉水河汇入，南至天津入海河。历史上北运河是京杭运河的重要一段，现在北运河起点是（　　）。

A. 北关闸　　　　B. 燃灯舍利塔

C. 通惠河与北运河交汇处

12. 京杭运河停止漕运后，通惠河成为北京城区最主要的（　　）干渠。

A. 灌溉　　　　B. 排水

C. 工业用水　　　　D. 园林用水

13. 《史记》等古籍记载，战国魏文侯时（　　）创建引漳十二渠。第一渠首在邺西 18 里，相延 12 里内有拦河低溢流堰 12 道，灌区大约 10 万亩。

A. 夫差　　　　B. 西门豹

C. 桑弘羊　　　　D. 孙叔敖

14. 《管子·乘马》："凡立国都，非于大山之下，必于广川之上。高毋近旱而水用足，下毋近水而沟防省。因天材，就地利。故城郭不必中规矩，道路不必中准绳。"其中"下毋近水而沟防省"在文中的意思大致是（　　）。

A. 建都城，低不能选近水低洼处，却是便于排水的地方

B. 建都城，低不能靠近水沟，以节省防洪经费

C. 建都城，下不能近水沟，省略防洪工程处

15. 1949 年以来第一部江河综合治理与开发规划是

关于哪条河流的？（　　）

A. 长江　B. 黄河　C. 淮河　D. 海河

16. 1975 年河南驻马店地区发生了一场严重的水灾，导致 2 座大型、2 座中型、58 座小型水库垮坝，死亡数万人。引发这场灾难的原因是（　　）。

A. 天灾，不可避免

B. 特大暴雨

C. 抗灾不力

D. 特大暴雨为主，防洪意识淡薄和抗灾不力加大了灾害损失

17. （　　），“河”专指黄河，“江”，专指长江。

A. 周代以前　B. 战国以前

C. 秦汉以前　D. 唐宋以前

18. 古代著名的水利工程都江堰是（　　）主持设计施工的。

A. 李冰　B. 李冰父子

C. 大禹　D. 李斯

19. 我国最早的大型灌溉工程是（　　）。

A. 南水北调　B. 都江堰

C. 郑国渠　D. 期思雩娄灌区

20. 1952 年毛泽东主席提出“南方水多，北方水少，如有可能，借点水来也是可以的”的宏伟设想。哪一伟大工程最终实现了这一设想？（　　）

A. 南水北调　B. 引滦入津

C. 引黄济青　D. 三峡工程

21. “水旱从人，不知饥馑，时无荒年，天下谓之天府也”是指哪个工程建成后的景象？（　　）

A. 红旗渠　　B. 郑国渠

C. 都江堰　　D. 芍陂

22. 黄河自有决口以来，堵口工程随之也经常进行，到了元代，出现了我国最早的总结黄河堵口工程经验的文献，这部书的书名是（　　）。

A.《河防一览》　　B.《河防通议》

C.《河防述言》　　D.《至正河防记》

23. “河水涨上天”是一句形容黄河大洪水的民谣，它形容的是黄河中游近千年来的最大洪水。这次洪水发生在哪一年？（　　）

A. 清乾隆二十六年（1761 年）

B. 清道光二十一年（1841 年）

C. 清道光二十三年（1843 年）

D. 1958 年

24. 淮河流域最古老的人工运河是（　　）。

A. 陈蔡运河　　B. 邗沟

C. 鸿沟　　D. 汴渠

25.（　　）提出，“修浚淮河，为中国刻不容缓之问题”。

A. 孙中山　　B. 曾国藩

C. 张謇　　D. 林则徐

26. 鉴湖是我国长江以南最古老的大型水利工程之一，是在（　　）修建的。

A. 战国时期　　B. 秦朝
C. 东汉　　D. 唐代

27. 浙江绍兴的三江闸是我国古代最大的滨海砌石结构多孔水闸，它修建于（　　）。

A. 宋代　B. 元代　C. 明代　D. 清代

28. 民国 23 年（1934 年），中国水利工程学会创始人李仪祉率领水利同仁到绍兴大禹陵祭禹，并在绍兴大禹正殿右侧立“会稽大禹庙碑”。民国 36 年（1947 年），中国工程师学会决议，以农历（　　）大禹诞辰日为中国工程师节。

A. 四月五日　　B. 五月六日
C. 五月十日　　D. 六月六日

29. （　　）是中国战国时期秦国蜀郡太守李冰率众修建的一座大型水利工程，是全世界至今为止，年代最久、唯一留存、以无坝引水为特征的宏大水利工程。经几次扩建，灌溉面积由 1949 年的 288 万亩发展到近 1100 万亩，成为中国最大的灌区。

A. 青弋江灌区　　B. 淠史杭灌区
C. 引渭灌区　　D. 都江堰灌区

30. 元大都城（今北京城前身），以（　　）为主要水源。后来将（　　）等十大泉水引入瓮山泊（昆明湖前身），成为大都城新水源。

A. 玉泉和通惠河，水源头
B. 玉泉和高梁河，白浮泉
C. 玉泉和玉渊潭，黑龙潭

31. 长河是昆明湖水进入北京城区的唯一水道，担负供水给护城河、（　　）的重要功能。

A. 什刹西海、后海和前海

B. 积水潭、后海和前海

C. 什刹三海、北海和中南海

32. 坝河是元代修建的积水潭到通州的一条运河，因运河上修建（　　）得名。元代后停止漕运，坝河逐渐成为北京城区一条主要（　　）干渠。

A. 许多石坝，灌溉

B. 许多闸门，排水

C. 许多石坝，排水

D. 许多石坝，工业用水

33. 《河防令》记述金代的防洪法律，是文献中见到中国最早的一部（　　）法。颁布于金章宗泰和二年（1202 年）。

A. 防洪行政　　B. 水利行政

C. 河道防洪　　D. 治理黄河

34. 古代高塔如今有“十塔九斜”之说，这一现象主要是由（　　）引起的。

A. 海水入侵　　B. 地面沉降

C. 水污染　　D. 荒漠化

35. 中国大运河在哪一年申遗成功？（　　）

A. 2012 年　　B. 2013 年

C. 2014 年　　D. 2015 年

36. 南宋建炎二年（1128 年），为阻止金兵南下，东京留守杜充在滑州以西决开黄河堤防，造成黄河河道的又一次大变动，开启了黄河 700 多年（　　）的历史。

A. 东流　B. 南流　C. 西流　D. 北流

37. 黄河是中国的母亲河，也是一条多灾多难的河流，据不完全统计，自有历史记载的 2000 多年来，黄河共发生了（　　）决口洪水灾害。

A. 2000 多次　B. 1500 多次
C. 1000 多次　D. 500 多次

38. 清朝的康熙皇帝对水利问题很重视，他曾经把三件重要的事情刻在宫中柱子上，这三件事情除了平定三藩外，另外两件事情是（　　）。

A. 河务、漕运　B. 灌溉、漕运
C. 河务、灌溉　D. 水利、漕运

39. 古代黄河上有一种悲壮的报汛方法：给水性好的水卒缚上浸过油的羊皮袋，从兰州顺流而下，沿途投放水签，报告水情，这种报汛方法称为（　　）。

A. 水报　B. 羊报　C. 马报　D. 飞报

40. 位于淮河流域的（　　）市，被联合国教科文组织列为世界自然和文化双重遗产城市。

A. 南阳　B. 商丘　C. 曲阜　D. 信阳

41. 松花江流域内“千年都城百年县”指的是哪里？（　　）

A. 宁安　B. 图们　C. 敦化　D. 阿城

42. “隹”的本义是鸟，引申义为“高”“精”“尖”。

淮字由“水”与“隹”联合组成，本义是（　　）。

A. 鸟儿聚集的水　　B. 最高处的水

C. 最清的水　　D. 矛盾最尖锐的水

43. 中国的自然奇观——雾凇发生在（　　）。

A. 松花江水系　　B. 辽河水系

C. 嫩江水系　　D. 乌苏里江水系

44. 传说大禹派一位天神擒获“千古第一奇妖”巫支祁，才取得了治淮胜利。这位天神是谁?（　　）

A. 李冰　B. 河伯　C. 庚辰　D. 杨戬

45. “蓄清刷黄”的治河方略是（　　）提出的。

A. 贾让　　B. 康熙皇帝

C. 靳辅　　D. 潘季驯

46. 古代广州建有著名的城市排涝系统，称作（　　）。

A. 四脉渠　　B. 五脉渠

C. 六脉渠

47. “风声鹤唳，草木皆兵”的典故出自我国东晋时期秦晋淝水之战。这里淝水是指淮河支流（　　）。

A. 北淝河　　B. 东淝河

C. 西淝河

48. 唐朝诗人李白过长江写下了著名的诗句：“朝辞白帝彩云间，千里江陵一日还。两岸猿声啼不住，轻舟已过万重山。”这段最有可能经过的是（　　）。

A. 瞿塘峡、积石峡、西陵峡

B. 瞿塘峡、巫峡、西陵峡

C. 瞿塘峡、虎跳峡、西陵峡

49. 沧海桑田用来比喻江河湖泊演变，它出自蓬莱麻姑神仙三次所见大海变桑田的典故。请问沧海最有可能是（　　）。

A. 黄海　B. 南海　C. 东海　D. 渤海

50. 特有地理环境和季风气候决定了水利是中华民族求生存、求发展的必然选择。“甚哉，水之为利害也！”出自哪个朝代、哪个人、哪部著作？（　　）

A. 西汉，桓宽《盐铁论》

B. 东汉，班固《汉书·沟洫志》

C. 西汉，司马迁《史记·河渠书》

D. 北魏，郦道元《水经注》

51. 祭祀山川江河，源于对自然灾害的恐惧。自汉代以来五岳四渎祭祀纳入国家礼制范畴。四渎分别是（　　）。

A. 江河淮济　B. 江淮河汉

C. 江湖河海

52. 唐代诗人杜甫《石犀行》：“君不见秦时蜀太守，刻石立作三犀牛……蜀人矜夸一千载，泛溢不近张仪楼。”这首诗写的是秦代一处水利工程至唐代依然发挥防洪效益，这一水利工程是（　　）。

A. 都江堰　B. 湔江堰

C. 通济堰

53. 《吕氏春秋》：“水出於山而走於海，水非恶山而欲海也，高下使之然也。”“高下使之然也”这句话是在讲述（　　）。

A. 河流流动的规律　　B. 溢洪道工作机理

C. 比喻大坝溢流

54. 创建于辽金时期，经元、明连接巩固，至清代形成永定河系统化堤防，是（　　）下游地区防洪的重要屏障。

A. 天津和永定河　　B. 河北和海河

C. 北京和永定河

55. 战国时期，黄河下游的赵、魏、齐等国都修筑了防洪堤防，使河流“宽缓而不迫”。按史料记载，当时堤防离河的最远距离是（　　）。

A. 5 里　　B. 10 里　　C. 20 里　　D. 25 里

56. 今北海公园最早修建于（　　）朝，后来不断修建，一直是皇家重要园林，1949 年后才对市民开放。

A. 金　　B. 元　　C. 明

57. 昆明湖前身叫瓮山泊，元代水利家（　　）主持，于 1293 年将温榆河上游十大泉水引入，增加了水量，成为通惠河水源水库。

A. 刘秉忠　B. 郭守敬　C. 李冰

58. 电影《1942》讲的是（　　）省发生大旱，千百万民众背井离乡、外出逃荒的事件。

A. 湖北　　B. 河南　　C. 吉林　　D. 四川

59. 北京积水潭在元代按蒙古语叫海子，1293 年经过（　　）扩建，成为京杭运河北端点码头。

A. 刘秉忠　B. 忽必烈　C. 郭守敬

60. 元代积水潭水面积比今天北京什刹三海和城北填埋了的太平湖加在一起还大。明代上游水源减少，水面大大缩小，形成三个海，它们的名称从西向东依次是（　　）。

A. 什刹海、后海、前海

B. 积水潭、后海、前海

C. 西海、后海、前海

61. “城门失火，殃及池鱼”中，“池”是指（　　）。

A. 水池　　B. 鱼池

C. 放生池　　D. 护城河

62. 《水经注》“万流所凑、涛湖泛决、枝津交渠”指的是今天的（　　）。

A. 苏南地区　　B. 华北平原

C. 浙东地区　　D. 珠三角地区

63. 现在全国都在建立“河长制”。历史上也有专门管理河流的官员，虽然不同于今天的河长，但都有防洪抢险及岁修的职责。其中永定河道台负责全流域的管理，最接近今天的河长。永定河道台是哪年正式设立的？（　　）

A. 康熙三十七年　　B. 雍正四年

C. 乾隆元年　　D. 乾隆十四年

64. 开都河是新疆的第四大河，也是一条内陆河。这条河就是《西游记》中传说的“（　　）河”。

A. 玉龙　　B. 女儿　　C. 通天　　D. 流沙

65. 我国著名神话传说《白蛇传》中“水漫金山”的故事发生在（　　）。

A. 西湖边　　B. 钱塘江边

C. 太湖边　　D. 长江边

66. 瓜洲古渡在哪里？（　　）

A. 在泗水岸边　　B. 在长江南岸

C. 在长江北岸

67. 民谚“倒了高家堰，淮扬不见面”是指（　　）。

A. 高家堰决口，淮安、扬州百姓将誓死不来往

B. 高家堰决口，洪泽湖倾泻而下，淮安、扬州之间将一片汪洋

C. 高家堰溃决，淮扬餐厅不见了

D. 高家堰一倒，淮安、扬州两府人民一见面就要打架

68. 《禹贡》：“岷山导江，东别为沱”，江和沱最有可能分别指的是哪两条江？（　　）

A. 嘉陵江和沱江　　B. 长江和沱江

C. 岷江和沱江

69. 木兰陂是宋代著名的御咸蓄淡灌溉工程，位于福建省莆田县木兰溪上。传说1067年由（　　）主持创建，不久即被洪水冲毁，钱氏殉身。到1083年重新建成，代替了唐代以来县内多处塘泊，下游防御海潮，上游拦截来水灌田。

A. 李宏　　B. 钱四娘

C. 冯智日　　　　　　D. 钱镠

70. 在1901年首次对外宣布楼兰古城的存在的是哪位探险家？（　　）

A. 哥伦布　　　　　　B. 阿蒙森

C. 麦哲伦　　　　　　D. 斯文·赫定

71. 下列哪些诗句说明了水资源的珍贵？（　　）

A. 好雨知时节，当春乃发生

B. 山重水复疑无路，柳暗花明又一村

C. 飞流直下三千尺，疑是银河落九天

D. 问君能有几多愁，恰似一江春水向东流

72. 西汉时，朝廷对黄河的治理十分重视，有一位皇帝带领群臣，亲自参加了黄河堵口工程，这位皇帝是（　　）。

A. 汉高祖刘邦　　　　B. 汉文帝刘恒

C. 汉景帝刘启　　　　D. 汉武帝刘彻

73. 年号是中国历代帝王用来纪年的一种方式，历史上只有一次为了纪念成功治理黄河而更改年号为河平，此事发生在（　　）。

A. 汉武帝时　　　　　B. 汉成帝时

C. 元代贾鲁治河后　　D. 明代潘季驯治河后

74. 我国历史上第一次大规模农民起义爆发地位于今天的淮河支流浍河旁，（　　）境内。

A. 河南鹿邑　　　　　B. 安徽亳州

C. 河南夏邑　　　　　D. 安徽宿州

75. 唐诗“汴水流，泗水流，流到瓜洲古渡头”的

作者是（　　）。

A. 韦应物　　　　B. 杜甫

C. 白居易　　　　D. 刘禹锡

76. 淮河流域古代诞生了很多思想家，“水者，何也？万物之本原也，诸生之宗室也”的作者（　　）就是其中之一。

A. 老子　　B. 庄子　　C. 孟子　　D. 管子

77. 1929 年 1 月，南京国民政府鉴于导淮工程责任重大，特设导淮委员会，直属于国民政府。导淮委员会委员长是（　　）。

A. 蒋介石　　　　B. 陈果夫

C. 李仪祉　　　　D. 汪胡桢

78. 抗战之前几年时间里，南京国民政府进行了部分导淮工程建设，其中苏北的废黄河疏浚及新开辟入海河道工程初步完成后被命名为（　　）。

A. 苏北导淮工程　　　　B. 淮河入海水道

C. 中山河　　　　D. 三河活动坝

79. 《禹贡》是中国先秦时期的地理著作，其中“岷山导江，东别为沱”这句出现的江河属于哪个水系？（　　）

A. 长江　　B. 珠江　　C. 淮河

80. 鄱阳湖古称彭蠡泽，位于长江之南，庐山东麓，鄱阳湖与长江相通处的石钟山，以脍炙人口的《石钟山记》而闻名。《石钟山记》的作者是（　　）。

A. 宋代苏轼　　　　B. 唐代李白

C. 明代王阳明

81. 唐代王勃《秋日登洪府滕王阁饯别序》（简称《滕王阁序》）中有："豫章故郡，洪都新府。星分翼轸，地接衡庐。襟三江而带五湖，控蛮荆而引瓯越。"其中涉及的江河湖泊最有代表性的是（　　）。

A. 长江、玄武湖　　B. 长江、东湖

C. 赣江、鄱阳湖

82. 传说古蜀国时常发生水灾，蜀王命鳖灵治水。鳖灵决玉山，疏导洪水，民得安处。请问这一传说最有可能发生在哪条江上？（　　）

A. 岷江　　B. 青衣江

C. 嘉陵江

83.《汉书·沟洫志》记武帝时，齐人延年上书黄河事："河出昆仑，经中国，注渤海，是其地势西北高而东南下也。可案图书，观地形，令水工准高下，开大河上领，出之胡中，东注之海。"延年建议黄河人为改道河段，最有可能是在黄河的哪一段？（　　）

A. 宁夏河套段　　B. 内蒙古河套段

C. 晋陕峡谷段

84. 唐代诗人李白《上皇西巡南京歌》中写道："谁道君王行路难，六龙西幸万人欢，地转锦江成渭水，天回玉垒作长安。万国同风工一时，锦江何谢曲江池。石镜更明天上月，后宫亲得照蛾眉。濯锦清江万里流，云帆龙舸下扬州。"诗里提到了锦江和曲江池，分别位于今天的哪两座城市？（　　）

A. 西安和南京　　　　B. 成都和西安

C. 西安和洛阳

85. (北魏)《水经注》:“(伊) 阙左壁有石铭云:黄初四年六月二十四日辛巳大出水,举高四丈五尺,齐此已下。”这段文字说的是(　　)。

A. 水灾记录　　　　B. 干旱记录

C. 洪水题刻

86. 清道光时人赵仁基指出:江之变非一日之变,治江应治其本。提出治江之举:其一,广湖潴以清其源,永禁私筑,已溃之垸,不许修复,勿复与水争地;其二,防横决以遏其流,浚江、筑堤束水使深。赵仁基治江之策针对的区域是(　　)。

A. 长江上游成都平原

B. 长江中游江汉平原

C. 珠江三角洲平原

87. 19世纪时,江汉平原洪水灾害频繁,清道光时赵仁基提出治灾策略:其一,移灾民以避水之来,是以筹度隙地,以置灾民,给予恒业,为转移灾民之术;其二,豁田粮以核地之实,为核计洪水屡浸之顷亩,蠲免其课,停其灾赈,便民迁移。其减灾措施是(　　)。

A. 移民、损毁的农田免赋且不予赈济

B. 灾后重建、损毁的农田免粮赋

C. 灾后重建、损毁的农田免赋且不予赈济

88. 清道光时马徵麟著《长江图说》,探究洪水为灾根源,提出治江方略五策:禁开山以清其源,急疏

浚以畅其流，开穴口以分其势，议割弃以宽其地，修陂渠以蓄其余。其方略主要针对的是（　　）。

A. 长江上游　　B. 长江中游

C. 长江下游

89. 《河防令》是根据金代历朝有关诏令，实际上主要吸收（　　）防洪法令、制度修订编制而成。

A. 南宋　B. 北宋　C. 辽代　D. 西夏

90. 宋代陆游《入蜀记》：乾道六年（1170 年）九月十四日经公安县，"县有五乡，然不及二千户，地旷民寡如此，民耕尤苦，堤防数坏，岁岁增筑不已"。这里反映的是南宋长江大堤的情况。这段大堤是（　　）。

A. 武昌大堤　　B. 荆江大堤

C. 同马大堤

91. 《禹贡》记载："禹迹茫茫，遍布九州。"目前，我国规模最大的大禹陵、庙、祠在（　　）。

A. 河南禹州　　B. 浙江绍兴

C. 陕西韩城　　D. 四川北川

92. 金中都以城西北的（　　）为主要水源，以（　　）为辅助水源。

A. 玉渊潭，高梁河　　B. 昆明湖，莲花河

C. 莲花池，高梁河

93. 昆明湖水原来是通过北面的（　　）排入清河。大约在辽代开挖了今长河水道后，昆明湖水可以向南沿长河流进北京城区。

A. 青龙桥闸　　B. 北长河

C. 后湖

94. 北海和中海是金元时形成的，南海是明初永乐时开挖的。北海和中南海排水泄洪出口在（　　）。

A. 日知阁闸和新华闸

B. 织女河和内金水河

C. 银锭闸和外金水河

95. 北京紫禁城自明代修建至今600余岁，从来没有明显积水。原因是完整的排水沟渠全部通向（　　）。（　　）又与紫禁城城墙外筒子河相连，再流入外金水河，最后通过菖蒲河排入御河。

A. 玉河　　B. 织女河

C. 内金水河

96. 漳水浑浊多泥沙，可以落淤肥田。东汉末年（　　）以邺为根据地，按原形式整修，称为十二墱，改名天井堰。

A. 董卓　B. 曹操　C. 曹参　D. 曹丕

97. 徐光启是明代末年著名的科学家。他注意吸收西方先进的科学技术，最早引进欧洲数学知识，还率先介绍了西方先进的（　　）技术和机械。

A. 水利　B. 农业　C. 制造业

98. 清代有一位很有建树的皇帝。他曾经把最重视的三件大事书写在宫中的柱子上。这三件大事除了“三藩”是政治问题外，其他两项均与水利相关，它们是“河务”和“漕运”。这位皇帝是谁？（　　）

A. 康熙　B. 雍正　C. 乾隆　D. 溥仪

四、多选题

1. 下列哪些文化现象与缺水节水有关？（　　）

A. 祈雨

B. 元代的《洪堰制度》

C. 黑河均水之制

D. 唐朝的《水部式》

2. 林则徐鸦片战争后被遣戍伊犁。受伊犁将军委托，兴修大量水渠工程，使伊犁垦荒大见成效，人称林公渠。他还在新疆大力推广适宜当地自然条件的灌溉工程坎儿井，又称（　　），各族人民把它称之为“林公井”。

A. 龙首渠　B. 井渠　C. 坎井　D. 卡井

3. 古代城市护城河的作用有（　　）。

A. 城市防卫　　B. 城市防洪

C. 城市排水　　D. 城市运输（运河）

4. 以下属于近现代治淮人物的有（　　）。

A. 李仪祉　　B. 刘大夏

C. 杜预　　D. 汪胡桢

5. 下列哪些历史事件与干旱灾害有关？（　　）

A. 李自成起义　　B. 太平天国运动

C. 陈胜吴广起义　　D. 商汤罪己诏

6. 在封建社会，淮河流域曾出过开国皇帝（　　）。

A. 汉高祖刘邦　　B. 唐高祖李渊

C. 后梁皇帝朱温　　D. 明太祖朱元璋

7. 1172 年，金朝为了通航运，开凿金口河，引浑河（今永定河）水，结果因为（　　），以失败告终。

A. 永定河含沙量太高

B. 地形坡度过陡

C. 永定河洪水太大

D. 设计上有欠缺

8. 淮河流域内的国家历史文化名城包括（　　）。

A. 亳州　B. 徐州　C. 淮安　D. 寿县

9. 徐州黄楼始建于宋代，有关的人物或事件是（　　）。

A. 苏东坡　　B. 黄庭坚

C. 黄河泛滥　　D. 黄土涂色

10. 下面哪些城市属于运河城市？（　　）

A. 山东济宁　　B. 河北承德

C. 江苏扬州　　D. 浙江杭州

11. 我国北方河流多泥沙。如何利用泥沙之利，治理泥沙之害，水利工作者几千年来都在不断地探索和实践。以下哪些人物曾经研究或涉及泥沙问题？（　　）

A. 张戎　　B. 西门豹

C. 郑国　　D. 史起

12. 以下哪些水利工程是全国重点文物保护单位？（　　）

A. 重庆涪陵区白鹤梁题刻

B. 天津海河三岔口

C. 江西吉安市槎滩陂

D. 北京金中都水关遗址

13. 以下哪些水利工程是全国重点文物保护单位？(　　)

A. 淮安市洪泽湖大堤　　B. 苏州市宝带桥

C. 南京市莫愁湖　　D. 苏州市盘门

14. 《魏氏土地记》记载，俗谚云："高梁无上源，清泉无下尾。"其中"清泉"指的是哪条河？(　　)

A. 桑干河　　B. 永定河

C. 清河　　D. 沙河

15. 郭守敬（1231—1316），中国元代科学家、水利家，今河北邢台市人，在（　　）方面成就最大。

A. 水利　　B. 天文

C. 历法　　D. 仪器制造

16. 《西域水道记》徐松撰，清道光元年（1821年）成书，是关于（　　）重要专著。

A. 新疆历史地理

B. 新疆、甘肃、青海水道沿革

C. 新疆河流和水利

D. 新疆水政历史

17. 灵渠在广西壮族自治区兴安县境内，于公元前214年凿成通航，沟通了长江和珠江水系。灵渠古称(　　)。

A. 秦渠　　B. 零渠

C. 陡河　　D. 兴安运河

18. 孙叔敖任楚相时重视兴修水利，他主持修建了(　　)。

A. 期思雩娄灌区　　B. 水门塘

C. 断山堰　　D. 芍陂

19. 浙东运河上存有众多重要的水利工程遗产，其中绍兴古桥群被列为全国重点文物保护单位，包含有（　　）。

A. 八字桥　　B. 广宁桥

C. 太平桥　　D. 泾口大桥

五、简答题

1. 截至2017年，我国有13项古代水利工程已经成功列入世界灌溉遗产。你能举出三个例子吗？请说出它们的名称和地域。

2. “中流砥柱”这个词语，比喻在危难之中能起支柱作用、能担当重任的人或集体。你能说出它的原始出处吗？

3. 在许多河流边上经常见到龙王庙，还有铁牛。你见到它们会联想到什么吗？

4. 合肥这个城市的名字是什么意思？

5. 九江这个城市的名字是什么意思？

6. 十堰这个城市的名字是什么意思？

7. 天津这个城市的名字是什么意思？

8. 以下的名句描写的是哪个江河湖泊？出自何时代、何人何作品？

“衔远山，吞长江，浩浩汤汤，横无际涯；朝晖夕阴，气象万千。”

9. 以下的名句描写的是哪个江河湖泊？出自何时代、何人何作品？

“落霞与孤鹜齐飞，秋水共长天一色。渔舟唱晚，响穷彭蠡之滨；雁阵惊寒，声断衡阳之浦。”

10. 以下的名句描写的是哪个江河湖泊？出自何时代、何人何作品？

“白日依山尽，黄河入海流。欲穷千里目，更上一层楼。”

11. 天下河水皆向东，唯有此溪向西流。你知道这说的是哪条河吗？

12. 孟津、天津。许多地名中的“津”字应该如何解释？

13. 佛子岭水库是我国自行设计、建设的第一座钢筋混凝土连拱坝水库，它是由谁主持设计的？

14. 古代对河流水位的观测有许多方法，如石人、水则、石龟、水尺等。请你举出两个例子。

15. 公元前 102 年，汉武帝派将军李广利率大军出征大宛。军至贰师城（现吉尔吉斯斯坦的奥什城）外时，大宛兵迎战而败，退入城中固守。40 余日后，大宛求和。请问：汉军如何迫使大宛求和？

16. 北宋何承矩曾经利用河北塘泊蓄水御敌，抵抗辽的袭扰。你知道何承矩当年管辖的地域在哪里吗？

17. 我国历史上有不少治水人物去世后被后人神化，尊崇为“大王”“水神”而奉祀在庙宇中。民国年间也有这样一位水利工程师，你知道他是谁吗？

18. 以下的名句描写的是哪个江河湖泊？出自何时代、何人何作品？

“观其耸构巍峨，高标巃嵸，上倚河汉，下临江流；重檐翼馆，四闼霞敞；坐窥井邑，俯拍云烟，亦荆吴形胜之最也。”

19. 洛阳龙门石窟是著名的旅游区，你知道它在哪条河流的边上吗？

20. 在古代，北方的河流多称“河”，南方的河流多称“江”。请问：“河水”“江水”是指什么？

21. 元代末年黄河决口。在黄河白茅堵口的过程中，主持人贾鲁最终采用什么方法完成了堵口工程？

22. 历史上有几个通州，位于什么地方，与哪条河有关？

23. 你知道“南船北马”是什么意思吗？

参考答案

一、填空题

1. 李冰　　2. 荆江分洪工程

3. 《梦溪笔谈》　　4. 1998

5. 淮河和沂沭泗河　　6. 1951

7. 葵丘之会　　8. 灵渠

9. 苏轼，白渠或者白公渠

10. 《河防一览》，《河防通议》，《史记·河渠书》，《水经注》

11. 都江堰、郑国渠、灵渠
12. 汉惠渠、渭惠渠、褒惠渠
13. 花园口
14. 《徐霞客游记》，金沙江
15. 《河防令》，金
16. 水则
17. 王景
18. 曹冲称象
19. 重庆涪陵白鹤梁
20. 隋唐运河、京杭运河、浙东运河
21. 李仪祉
22. 黑龙江
23. 壶口瀑布
24. 罗布泊
25. 百年千载后，恩在怨消磨
26. 苏丹-撒哈拉灾难
27. 桐柏山
28. 尧山
29. 响洪甸
30. 三江营
31. 南旺分水枢纽工程
32. 郑国
33. 张謇
34. 《畿辅水利议》
35. 通惠河
36. 泾、洛、渭、梅、黑、沣、涝、泔
37. 鸳鸯池水库
38. 李自成、高名衡
39. “三家分晋”
40. 汉水
41. 戴村坝，南旺分水枢纽
42. 《农政全书》，《泰西水法》
43. 永济黄河
44. 徐霞客，《徐霞客游记》
45. 八堡圳，曹公圳

46. 舟曲

二、判断题

1. √　2. √　3. ×　4. √　5. √　6. √
7. √　8. √　9. ×　10. √　11. √　12. √
13. ×　14. ×　15. √　16. ×

三、单选题

1. A　2. A　3. A　4. D　5. B　6. D
7. B　8. C　9. B　10. A　11. A　12. B
13. B　14. C　15. B　16. D　17. D　18. A
19. D　20. A　21. C　22. D　23. C　24. A
25. A　26. C　27. C　28. D　29. D　30. B
31. C　32. C　33. A　34. B　35. C　36. B
37. B　38. A　39. B　40. C　41. C　42. C
43. A　44. C　45. D　46. C　47. B　48. B
49. C　50. C　51. A　52. A　53. A　54. C
55. D　56. A　57. B　58. B　59. C　60. C
61. D　62. C　63. B　64. C　65. D　66. C
67. B　68. C　69. B　70. D　71. A　72. D
73. B　74. D　75. C　76. D　77. A　78. C
79. A　80. A　81. C　82. A　83. B　84. B
85. C　86. B　87. A　88. B　89. B　90. B
91. B　92. C　93. A　94. A　95. C　96. A
97. A　98. A

四、多选题

1. ABCD	2. BCD	3. ABCD	4. AD
5. AD	6. ACD	7. ABD	8. ABCD
9. ACD	10. ACD	11. ABCD	12. ACD
13. ABD	14. AB	15. ABCD	16. AC
17. ABCD	18. AD	19. ABCD	

五、简答题

1. 四川乐山东风堰；浙江丽水通济堰；福建莆田木兰陂；湖南新化紫鹊界梯田；浙江诸暨桔槔井灌工程；安徽寿县芍陂；浙江宁波它山堰；陕西泾阳郑国渠；江西吉安槎滩陂；浙江湖州溇港；宁夏引黄古灌区；陕西汉中三堰；福建黄鞠灌溉工程。

2. 黄河三门峡峡谷中的一个岛，又称砥柱山。

3. 龙王庙和铁牛所处的位置往往是险工段。抢险工程完工后，修龙王庙、建铁牛是为了企盼河流安澜。

4. 两条淝河（东淝河、南淝河）在此汇合。

5. 在古汉语中，“九”不一定是一个确切的数字，而是表示“众多”。“九江”表示众多河流汇入鄱阳湖。

6. 清朝在百二河和犟河拦河筑堰10处以便灌溉，由此得名十堰。

7. 天子经过的渡口。

8. 洞庭湖，宋朝、范仲淹《岳阳楼记》。

9. 赣江，唐朝、王勃《滕王阁序》。

10. 黄河，唐朝、王之涣《登鹳雀楼》。

11. 倒淌河，位于青海省日月山西侧的倒淌河镇，东起日月山，西止青海湖。

12. 渡口。

13. 佛子岭水库由我国著名的水利专家，当时任治淮委员会工程部部长、佛子岭水库建设指挥部指挥的汪胡桢主持设计的。汪胡桢因而被人们称为“中国连拱坝之父”。

14. ①都江堰的石人（水竭不至足，盛不没肩）和水则；②吴江的水则碑；③宋元时期引泾灌区平流闸旁的石龟（水到龟儿嘴，百二十徼水）；④元明时期引泾灌区三限口的石人（水到石人手，限上开三斗；水到石人腰，限上不得浇）；⑤永定河卢沟桥水尺。

15. 贰师城中饮用水来自城外，汉军切断其水源，然后围城。

16. 今雄安新区及周边一带。

17. 李仪祉。

18. 长江，唐朝、阎伯理《黄鹤楼记》。

19. 伊河。

20. 分别是“黄河”“长江”的专有名称。

21. 沉船法。

22. 北通州，在北京城以东20公里，通惠河与北运河的交汇点。

南通州，位于江苏省，通过通扬运河与京杭运河连接。

南北通州都是京杭运河沿线或支线的重要码头。

23. 南方人善于驾船，北方人善于骑马。指各人均有所长。

指南北交通方式转换之地，南人北上改骑马，北人南下改乘船。

今淮安清江浦有“南船北马、舍舟登岸”碑。

古代襄阳有“南船北马”“七省通衢”之称。

第五章 防灾减灾基本常识

知识问答

一、判断题

1. “七下八上”是指七月下旬和八月上旬，常被认为是我国防汛的关键时期。(　　)

2. 在春夏季节，要注意收听广播、收看电视，要注意查看防汛、气象部门发到手机上的信息，了解近期是否会有发生暴雨的可能。(　　)

3. 建房选址的时候不要围河占地建房。围河建房、侵占河道、人为缩小行洪断面，容易遭受山洪灾害。(　　)

4. 中小学校园的选址应考虑到学生人数众多、不易疏散，未成年人在山洪到来时容易惊慌失措，导致混乱等情况，远离山洪易发区，建在较开阔的地点，在山洪暴发时能够及时撤离，并要提前设定好安全通道和撤退路线。(　　)

5. 当山洪、泥石流、滑坡等造成道路中断时，应在发生坍塌事故的桥梁、涵洞两头及最近的分道路口设置明显的指示、警告标识，提前告知来往车辆绕道

行驶，来不及设置交通标识时，应派专人指挥交通。（　　）

6. 往河道乱倒垃圾、土石、矿渣等废弃物，在河道中违规采砂的行为不属于破坏防洪能力的违法行为。（　　）

7. 台风来临时，不要在高墙、广告牌及居民楼下行走，以免发生重物倾斜或高空坠物。（　　）

8. 山洪灾害易发区村民应熟悉当地的危险区、安全区划分，当地的转移、撤退路线，安置地点，山洪灾害防御责任人和预警信号。（　　）

9. 到山丘区旅游或从事户外活动、从事工程建设，一定要仔细观察地形地势，注意气象预报和防汛部门发出的山洪预警，遇突发山洪时，要及时开展自救互救，确保生命安全。（　　）

10. 在山谷中发现溪水突然浑浊时，应警惕山洪暴发的可能；必要时，快速逃离河谷地带。（　　）

11. 洪水灾害发生后，各级人民政府防汛指挥部应当积极组织和帮助灾区群众恢复和发展生产。修复水毁工程所需费用，应当优先列入有关主管部门年度建设计划。（　　）

12. 在山丘区旅行应留意当地设置的山洪防治的警示牌、转移路线和安全区等。（　　）

13. 看到天边有“漏斗状云”或“龙尾巴云”时，表明天气极不稳定，随时都有雷雨大风来临的可能，要注意暴雨防御。（　　）

14. 台风季节，可以去尚未开发的景点旅游。( )

15. 遇台风天气时，车辆应停放在室内停车场，或地势较高、地形空旷处，不要紧靠广告牌、临时建筑或大树。( )

16. 洪水迅速上涨时，不要沿着河谷跑，应向河谷两岸高处跑。( )

17. 暴雨发生时，若正在乘坐公交车，车辆进站后，开启车门前不要与车身发生接触；如果车辆漏电，原地不要动，等驾驶员切断电源后有序下车，下车时要双脚同时落地。( )

18. 当被洪水围困而且无通信条件时，可通过制造烟火或来回挥动颜色鲜艳的衣物或集体同声呼救等，向外界发出紧急求助信号。( )

19. 失足落水后，应放松身体，头部后仰，用嘴吸气、鼻子呼气，以防呛水，力争保持身体平衡。( )

20. 灾后发现饮用水受污染时，要用明矾、漂白粉等进行消毒处理。( )

21. 在洪水、暴雨等灾害发生后，饮用水常常会受到污染，要做到灾后无大疫，饮用水消毒是关键。饮用水消毒最常用的是氯化消毒和煮沸消毒。( )

22. 发布台风蓝色预警后，应停止集会，必要时应停业（除特殊行业外），确保人员转移到安全区域。( )

23. 发布台风蓝色预警后，学校可停课，确保留校

师生人员滞留在安全区域。(　　)

24. 当台风中心经过时，风力会减小或者静止一段时间，此时可以外出或者转移。(　　)

25. 山区发生特大暴雨时，没有接到紧急转移通知，危险区的人群也要主动转移到安全区域。(　　)

26. 在进行洪水灾害预警时，通常按照县、乡、村、组的次序进行预警，紧急时可按组、村、县的次序进行预警。(　　)

27. 在进行洪水灾害预警安全转移时，应按照人员为先、财产为后，老幼病残弱人员为先、其他人员为后，警戒区域人员为先、危险区域人员为后的顺序进行有序转移。(　　)

28. 山洪灾害发生时，防备与自救应尽快向山下或较低地方转移，迅速判断周边环境，向行洪道两侧快速躲避。(　　)

29. 山洪灾害发生后，可以立即进入灾害区搜寻财物。(　　)

30. 灾害期间的救人原则：先救少，后救多；先救远，后救近；先救难，后救易。(　　)

31. 遇有山石塌落到路上，不要贸然通过，在自行清理路障后继续通行。(　　)

32. 遇暴雨山洪或滑坡泥石流时，要快速向洪流或泥石流流动方向的下游跑，以免被其冲走。(　　)

33. 紧靠溪河滩地修房子，只要将滩地填得足够高，再在上面建房，就足够安全。(　　)

34. 手机、哨子、旗帜、颜色鲜艳的衣服等都可用作水灾后求救的联络工具。(　　)

35. 在汛期，电视、广播、新闻单位应当根据人民政府防汛指挥部提供的汛情，及时向公众发布防汛信息。(　　)

36. 暴雨天气中，在城市街道上行走时要尽量靠近道路边缘或围墙等建筑物。(　　)

37. 如果遭遇洪水，应顺河流方向跑，不要向山坡两侧高处跑。(　　)

38. 一旦发生山洪，处在危险区的人员应迅速向安全区转移，并服从当地工作人员的指挥。(　　)

39. 台风蓝色预警发布后，学校需要停课。(　　)

40. 出现台风暴雨天气时，最好待在家里，关好门窗。(　　)

二、单选题

1. 防洪准备的三个方面是（　　）。

①关注汛期天气预报 ②暴雨季节不去山区郊游或探险 ③学习并具备游泳、划船等技能 ④准备逃生物资 ⑤训练爬高能力、快跑能力

A. ①②③　　B. ①②④

C. ①③④　　D. ③④⑤

2. 遇到水库泄洪和河道行洪时应（　　）。

A. 捕鱼　　B. 捞鱼

C. 捞木头　　D. 停止所有涉河活动

3. 遇到洪水，错误的做法是（　　）。

A. 抓住门板、木板、轮胎等漂浮物

B. 想办法爬上墙头或附近的大树等待救援

C. 跳下水游泳去安全的地方

D. 大声呼救，并且挥舞颜色鲜艳的衣服引起人们的注意

4. 大中城市、（　　）公路干线、大型骨干企业，应列为防洪重点，确保安全。

A. 人口众多的市县　　B. 重要的铁路

C. 矿山

5. 被洪水围困时，下列哪项建议是错误的？（　　）

A. 抓紧时间游泳逃生

B. 已被卷入洪水中，要尽可能抓住固定或能漂浮的东西，寻找机会逃生

C. 发现高压线铁塔倾斜或者电线断头下垂时，一定要迅速远避，防止直接触电或因地面“跨步电压”触电

D. 不可攀爬带电的电线杆、铁塔，也不要爬到泥坯房的屋顶

6. 家住山中危险区的人们，如果发现突发异乎寻常的暴雨，应当（　　）。

A. 立即按既定路线主动转移到安全区

B. 躲在家中不出门

C. 等当地干部通知再转移

7. 当山区水库或塘坝出现严重险情时，首先应当（　　）。

A. 派人抢险

B. 排水放空水体

C. 转移下游受威胁的人员

D. 对下游群众发公告

8. 您和家人朋友旅游度假，如果选择去（　　），事前应关心了解当地的水文预报。

A. 高山速降　　B. 水上漂流

C. 海上垂钓　　D. 沙漠探险

9. 山区突降暴雨，山洪即将来临，应当第一时间（　　）。

A. 防守水库、塘坝

B. 紧急转移危险区人员

C. 紧急转移家庭财产

D. 守住自家房屋财产

10. 小强家住在易滑坡的山脚下，暴雨山洪发生时全家被紧急转移到安全区，暴雨停了，小强家（　　）。

A. 可立即搬回家

B. 过两小时就可搬回家

C. 需确定山体不再发生滑坡后，再搬回家

D. 出太阳了就可搬回家

11. 发生山体滑坡时，应向（　　）跑，迅速远离滑坡体。

A. 滑坡体上游

B. 滑坡体两侧

C. 滑坡体下游

D. 滑坡体运动相反方向

12. 水灾避难场所往往选择在大堤上，饮用清洁水十分困难，下列哪些做法错误？（　　）

A. 喝矿泉水　　B. 直接喝洪水

C. 河水加明矾　　D. 用净水器

13. 洪涝灾害过后，生活用水的来源不包括（　　）。

A. 河水用缸或桶盛装，将水静置澄清后取清水

B. 清理集中式供水的水源地，划出一定范围水源保护区，制止在此区域排放粪便、污水与垃圾，并设专人看管

C. 分散式供水尽可能利用井水为饮用水水源

D. 饮用水取水点要处于生活用水点和牲畜用水点的下游

14. 遭遇洪水袭击来不及撤离时，应该（　　）。

A. 在身上捆绑重物，防止被洪水冲跑

B. 迅速向屋顶、大树、高墙等处转移

C. 以静制动，原地等待救援

D. 抓紧把财物用防水布包裹起来，随身带走

15. 山区学生遇到山洪暴发，过河要有老师护送。当水深超过（　　），单身不能过河。

A. 膝盖　　B. 脚踝　　C. 腰部　　D. 胸部

16. 面对不断上涨的洪水，错误的做法是（　　）。

A. 如果是在楼房上，从低层向高层转移

B. 如果没到紧要关头，不要轻易入水逃生

C. 注意水情的变化，寻找可以漂浮的物品，做逃离的准备

D. 争取主动，尽快入水逃生

17. 台风来了，以下哪种行为是不应该做的？（　　）

A. 如果在结实的房屋里，小心关好窗户

B. 如果你在水面上（如游泳），立即上岸避风避雨

C. 如果在街上，赶紧找临时建筑物、广告牌、大树等附近避风避雨

18. 地下车库防洪工程措施包括（　　）。

①抬高进出口高度　②加装防洪挡板　③准备防洪专用沙袋　④安排人员监视水情　⑤通知车主移车

A. ①②③　　B. ①②③④

C. ①②③④⑤　　D. ②③④⑤

19. 在户外遭遇雷雨时，正确做法是（　　）。

A. 要躲在树下、电杆下或亭子里，不要打伞；在空旷地方要蹲下，不要使用手机等电子设备

B. 要躲在树下、电杆下或亭子里，不要打伞；在空旷地方要蹲下，可以使用手机等电子设备

C. 不要躲在树下、电杆下或亭子里，不要打伞；在空旷地方要蹲下，可以使用手机等电

子设备

D. 不要躲在树下、电杆下或亭子里，不要打伞；在空旷地方要蹲下，不要使用手机等电子设备

20. 小明家住在溪河边，住的地方没下雨，小明家（　　）。

A. 不会遭受洪水灾害

B. 有可能遭受洪水灾害

C. 一定会遭受洪水灾害

21. 发生山洪灾害，下列哪一项不是人口转移的安全区位置？（　　）

A. 位置较高阶地　　B. 凹坡

C. 沟岸两侧　　D. 政府指导安全区

22. 当预警发出溪沟上游发生泥石流的通知时，溪沟两岸人员应当（　　），以躲避灾害。

A. 往下游跑

B. 往上游跑

C. 往山坡高地跑

D. 躲在家里不出门

23. 如果在山洪易发区活动，错误的做法是（　　）。

A. 要时刻绷紧防御山洪这根弦，绝不能麻痹大意、放松警惕

B. 随时注意场地周围的异常变化和可选择的退路，掌握自救办法

C. 当突然遭山洪袭击时，要沉着冷静，不要慌

张，并以最快的速度安全脱险

D. 当突然遭山洪袭击时，要顺山谷出口往下游跑

24. 关于滑坡和泥石流的自救方法，错误的是（　　）。

A. 向垂直于泥石流前进的方向跑

B. 山区扎营，选择在避风的谷底

C. 向未发生泥石流的高处跑

D. 不要顺着滚石方向往山下跑

25. 处于洪水危险区的人员转移时宜携带（　　）。

A. 药品　　B. 洗衣机

C. 电脑　　D. 刮胡刀

26. 洪水来临时，在校老师不应该（　　）。

A. 坚持上课　　B. 联系家长

C. 遣散同学　　D. 避开危险区

27. 气象咨询电话是（　　）。

A. 95120　　B. 96121

C. 10086　　D. 12306

28. 水文要素重现期大于50年的洪水，称为（　　）。

A. 小洪水　　B. 中等洪水

C. 大洪水　　D. 特大洪水

三、多选题

1. “宁可十防九空，不可防失万一”是防台风的重

要经验。台风来临时，应做好（　　）等准备工作。

A. 准备好饮用水及食品

B. 检查房屋是否牢固安全

C. 将有可能被台风吹落的物体绑扎牢固

D. 将街面上的大型广告牌匾取下

E. 躲到广告牌底下

2. 住房被淹时，可以采取（　　）等避险措施。

A. 向屋顶转移等待救援

B. 尽可能地发出呼救信号、信息

C. 利用竹木、泡沫等漂浮体向较安全地域转移

D. 躲在家里，关好门窗不让洪水更多地进来

3. 遭遇洪水时，正确的防范与自救措施有（　　）。

A. 来不及转移的人员，就近向山坡、结构牢固的楼房上层、高地等地转移

B. 来不及转移且无法转移至高地的，可找一些门板、大床、大块泡沫塑料等漂浮材料扎成筏逃生

C. 洪水来临时，爬上带电的电线杆、铁塔避险

D. 被洪水包围时，利用电话、网络、铜锣或者挥动鲜艳衣物等方式，积极寻求救援

4. 接到相关部门台风预警信号，城镇住户在家要做好哪些防风准备？（　　）

A. 固定好花盆、空调室外机、雨篷等悬挂物

B. 储备一些食品和矿泉水，以备不时之需

C. 准备一些诸如手电、蜡烛或蓄电的节能灯，

以防台风引发停电

D. 检查窗户玻璃，如有破碎要及时修补更换

5. 在台风来临时，如果住在危旧房，该怎么办？(　　)

A. 留在家中看护房屋和财物、牲畜

B. 最好到亲友家中暂避

C. 到电线杆、树木、广告牌、铁塔等较高物体下避风避雨

D. 听从当地政府部门的安排，如要求撤离要立即撤离

6. 如果台风来袭时正在户外活动，下列哪些做法不正确？(　　)

A. 步行时应弯腰将身体紧缩成一团，把衣服扣扣好或用带子扎紧，以减少受风面积

B. 顺风时应顺势快跑

C. 在建筑物密集的街道行走时，要特别注意高空落物，以免被砸伤

D. 在大树底下避风避雨

7. 出海船只应如何防台风？(　　)

A. 台风来临前，出海船舶应听从指挥，停止海上作业，及时回港避风

B. 船舶在避风港内，服从港区调度，固定船舶。船上人员全部上岸，确有必要留守的，必须落实安全保障措施并向有关部门备案

C. 海上渔船遇险时，应当立即发出求救信号，

并将出事时间、地点、海况、受损情况、救助要求、联系方式以及事故发生的原因向渔业行政主管部门和海事机构报告，并采取一切有效措施组织自救

8. 遭遇台风，船只失事时要怎么办？（　　）

A. 在船员的指挥下，穿上救生衣，按先老弱病残和妇女儿童的顺序上救生船，避免混乱和发生意外事故

B. 选择在船的上风舷，即迎着风向跳水，以免下水后遭随风漂移船只的撞击；当船左右倾斜时，应从船首和船尾跳下

C. 跳水前要注意寻找漂浮物，跳水后游向漂浮物，利用它逃生

D. 跳水后，尽量离船远一些，以免船沉时被吸入水下

9. 社会单位如何防范和应对城市内涝？（　　）

A. 对地下设施要做好防水措施，对单位内的水、电、气、通信以及化工管道进行加固保护

B. 要根据预警信息转移或架高怕水浸的物品和设备，对不能移动的物品和设备作适当的处理和保护；认真做好危险品、有毒药物的管理，防止流失

C. 出现积水和内涝时，要迅速组织员工脱离危险区域或到高层楼群内避难，如果厂区内缺

少高层建筑或避难场所，应制作相应的临时救生设备，以供急需

D. 加强巡护，监视水情和维持单位的治安

10. 医院如何防范和应对城市内涝？（　　）

A. 通过在大门口放置挡板、堆放沙袋、配备抽水机等措施，对工作区、库房和建设工地等重点布防，避免医院出现内涝积水，排除医院洪涝安全隐患

B. 把面临洪涝危险的病人转移至地势较高或者楼层较高的区域

C. 要合理调配医疗设备、药品以及床位，组成医疗队，对在暴雨和内涝中遇险的人员进行及时、有效的救治

11. 学校如何防范和应对城市内涝？（　　）

A. 在雨季前，要做好校舍的检修工作，对校园的高大树木进行修剪，要做好学生的防洪涝宣传工作，组织师生参加防洪涝演练

B. 学校要确保排水设施畅通，同时要采取围挡措施，防止道路积水涌入学校，处于危险地带的学校应当停课

C. 下雨时，要关闭教室门窗，做好防雷、防触电工作，如果出现教室积水，无法及时排水时，要立刻转移学生至地势较高或者楼层较高的安全区域

D. 内涝过后，学校要及时做好垃圾清运工作，

对校园定时进行消毒，确保学生和老师的饮水和饮食安全，防止出现肠道疾病

12. 旅游景点如何防范和应对城市内涝？（　　）

A. 雨季来临前，景区要制订详细的防内涝预案

B. 对景区外建筑物、缆道、照明线路、商业网点、宣传广告牌、指示标牌等进行检查，采取必要的加固措施

C. 在易发生内涝灾害的区域设立显著的指示标志

D. 有内涝灾害预警时，要通过景点广播系统对景点内游客及时发布，按照预案及时安排游客有序撤离至安全区域

13. 居民区如何防范和应对城市内涝？（　　）

A. 雨季来临前，小区要采取措施加固小区内的危旧房屋和室外临时建筑，修剪树木枝叶

B. 在居民区外修砌围墙，大门口放置挡板，准备沙袋，配备抽水机等

C. 社区内要有专人收集天气及洪涝预警信息，及时将预警信息通知社区居民，特别是做好社区内老弱病残者的保护工作

14. 家中需要常备的内涝防范用品有（　　）。

A. 哨子　　B. 收音机

C. 手电及电池　　D. 救生衣

15. 车中需要常备的内涝防范用品有（　　）。

A. 哨子　　B. 应急锤

C. 手电及电池　　　　D. 救生衣

16. 户外活动时，如何防范和应对城市内涝？（　　）

A. 远离孤立的大树、高塔、电线杆以及广告牌

B. 若遇到断裂的电线搭在地上的积水中，要迅速远避

C. 在空旷场地，不要使用有金属杆的雨伞和其他物品，也不要拨打或接听手机

17. 行走在外，如何防范和应对城市内涝？（　　）

A. 注意路边防汛安全警示标志，尽量贴近建筑物，不要靠近有旋涡的地方，防止跌入缺失井箅的水井、地坑等危险区域

B. 尽量避开灯杆、电线杆、变压器、电力线、铁栏杆及附近的树木等有可能连电的物体，以防因为暴雨导致漏电之后触电

C. 不要在涵洞、立交桥低洼区、地下通道等地势较低的地方停留

18. 开车时如何防范和应对城市内涝？（　　）

A. 遇有前方积水或交通管制路段，应服从交警指挥，绕行其他道路；车辆受困时要及时拨打救援电话，等待救援

B. 如果车在深水中熄火，不要再启动，防止发动机进水；当汽车外积水进一步加深时，要及时逃生

C. 车内要准备能随时砸破车窗自救的物品

19. 居民房屋如何防范和应对城市内涝？（　　）

A. 如果你住在城市低洼的居民住宅，在收到暴雨预警后，需要提前因地制宜地采取围挡措施

B. 一旦室外积水漫入屋内，需要及时切断屋内电源与气源，把容易浸泡损坏的物品放至高处，尽量采取各种措施排水

C. 如屋内积水加深，要及时转移，不要在屋内停留，以免有生命危险

20. 灾后救援时，如发现遇险者，应当怎样施救？（　　）

A. 挖掘时，要注意保持被埋者周围的支撑物，使用小型轻便的工具，接近时采用手工小心挖掘

B. 如一时无法救出，可以先输送流质食物，并做好标记，等待下一步救援

C. 发现被困者后，首先应帮他露出头部，迅速清除口腔和鼻腔里的灰土，避免窒息，然后再挖掘暴露其胸腹部

D. 如果遇险者因伤不能自行出来，绝不可强拉硬拖

21. 灾后怎样做好卫生防疫？（　　）

A. 注意饮水卫生，喝开水，不喝生水，更不饮用灾后井水

B. 注意饮食卫生，不吃腐败变质食物，不吃苍蝇叮爬过的食物，不吃未洗净的瓜果等，不

贪吃生冷食品

C. 注意环境卫生，及时进行环境卫生防疫，清除淤泥、垃圾，管好厕所，防止厕所粪便溢出

22. 山洪、泥石流暴发前有哪些预兆？（　　）

A. 山地发生山崩或沟岸侵蚀时，山上树木发出沙沙的扰乱声，山体出现异常的山鸣

B. 上游河道发生堵塞，溪沟内水位急剧减少

C. 在流水突然增大时，溪沟内发出明显不同于机车、风雨、雷电、爆破的声音，可能是泥石流挟带的巨石撞击之声

D. 在人还没有感觉出有异常现象时，动物已有异常的行动，如猫的大声嘶叫等

23. 如果遭遇山体滑坡，怎样利用四周条件脱险？（　　）

A. 要朝垂直于滚石前进的方向跑

B. 逃离时朝着滑坡方向跑

C. 如果无法继续逃离时，应迅速抱住身边的树木等固定物体

D. 可躲避在结实的障碍物下，或蹲在地坎、地沟里，应注意保护好头部

24. 山洪防御措施有（　　）。

A. 平时应该尽可能多地了解山洪灾害防御知识，掌握自救逃生的本领

B. 观察、熟悉周围环境（特别是在陌生环境

里），预先选定好紧急情况下躲灾避灾的安全路线和地点

C. 多留心注意山洪可能发生的前兆，动员家人做好随时安全转移的思想准备

D. 一旦情况危急，及时向主管人员和邻里报警，先将家中老人和小孩转移至安全处

25. 台风来临时，下列哪种行为是正确的？（　　）

A. 船只靠岸

B. 待在家里，关好门窗

C. 启程远足

D. 海滩游泳

26. 洪水来临时，哪些物品可以用来救生？（　　）

A. 盖紧盖的空油桶、水桶

B. 树木、桌椅板凳、箱柜等

C. 空的带盖的饮料瓶捆扎在一起

D. 装在大麻袋里的书本、报纸

27. 台风防范有哪些非工程措施？（　　）

A. 避风港　　B. 防台预案

C. 监测预报预警　　D. 培训演练

28. 山洪暴发时，下列做法正确的是（　　）。

A. 沿着行洪道方向跑

B. 向两侧快速躲避

C. 赶紧涉水过河

D. 与当地政府防汛部门联系，请求救援

29. 持续暴雨导致河流漫溢，面对不断上涨的洪水

时，应该怎么做？（　　）

A. 如果是在楼房里，从低层向高层转移

B. 如果没到紧要关头，不要轻易入水逃生

C. 注意水情的变化，寻找可以漂浮的物品，做逃离的准备

D. 争取主动，尽快入水逃生

30. 当接到洪水被困人的求助信号时，个人或基层组织应如何救助被困人群？（　　）

A. 应以最快的速度和方式传递求救信息，报告当地政府和附近群众，有能力的个人可以直接投入解救行动

B. 当地政府或基层组织接到报警后，应在最短的时间内组织带领抢险队伍赶赴现场，充分利用各种救援手段全力救出被困人群

C. 在等待救援的过程中，做好受困人群的情绪稳定工作，防止发生新的意外

D. 可以忽视求助信号，继续做自己的事情

31. 如果台风时不得不外出，下列做法正确的是（　　）。

A. 撑好伞顺风走

B. 尽可能抓住栅栏、柱子或其他稳固的固定物行走

C. 不在大树底下以及铁路轨道附近停留

D. 经过狭窄的桥或高处时，最好伏下身爬行，否则极易被刮倒或落水

32. 如果在野外遇到台风，应该采取（　　）等避险措施。

A. 应速往小屋或洞穴避难，高地、岩石下或森林中均是较安全的避难场所

B. 要尽可能远离海洋

C. 可以支起帐篷临时躲避一下

D. 遇强风时，尽量趴在地面往林木丛生处逃生，不可躲在枯树下

33. 台风暴雨极易引发洪水，如果被洪水围困，应如何逃生？（　　）

A. 要观察洪水是否仍在上涨，自己所处的位置若有危险应向安全地带转移

B. 可以寻找床单、衣物等做成绳索转移

C. 夜晚用手电筒及火光发出求救信号

D. 尽快游泳逃离洪水

34. 台风来袭，狂风暴雨造成洪水泛滥，如果此时被困房屋里，如何安全脱险？（　　）

A. 用沙袋、土袋在门槛和窗户处筑起防线

B. 老鼠洞穴、排水洞等一切可能进水的地方都要堵死

C. 用胶带纸密封所有的门窗缝隙

D. 尽可能联系救援人员

35. 深夜或凌晨遭遇山洪时如何迅速脱险？（　　）。

A. 立即组织人员迅速逃离现场

B. 就近选择安全地方落脚

C. 设法与外界联系

D. 做好下一步救援工作

36. 下列的民间谚语哪些是和天气变化相关的？（　　）

A. “有雨山戴帽，无雨云拦腰。”

B. “早霞不出门，晚霞行千里。”

C. “清早宝塔云，下午雨倾盆。”

D. “青蛙叫，大雨到。”

37. 面对干旱灾害，我们在日常生活中应当注意节约用水，包括（　　）。

A. 脸盆洗脸、用喷水式水龙头、水杯刷牙

B. 及时修理漏水点、洗澡时及时关水、浴盆洗澡

C. 用盆洗菜、分缸养鱼、回收空调冷凝水

D. 剩茶水利用、及时修理损坏水龙头、洗衣机水位不要太高

38. 哪些人群容易受到山洪灾害的威胁？（　　）

A. 山坡建房不加防护或将房屋建在陡坎或者陡坡脚下的居民

B. 在溪河两边位置较低处、双河口交叉处及河道拐弯凸岸的居民

C. 在山洪易发区内的残坡积层较深的山坡地或山体已开裂的易崩易滑的山坡地上建房的居民

D. 在山洪暴发、洪水猛涨期间，为了出门方便

赶时间，就近随意过河、过桥的人群

参考答案

一、判断题

1. √ 2. √ 3. √ 4. √ 5. √ 6. ×
7. √ 8. √ 9. √ 10. √ 11. √ 12. √
13. √ 14. × 15. √ 16. √ 17. √ 18. √
19. √ 20. √ 21. √ 22. × 23. × 24. ×
25. √ 26. √ 27. × 28. × 29. × 30. ×
31. × 32. × 33. × 34. √ 35. √ 36. ×
37. × 38. √ 39. × 40. √

二、单选题

1. C 2. D 3. C 4. B 5. A 6. A
7. C 8. B 9. B 10. C 11. B 12. B
13. D 14. B 15. A 16. D 17. C 18. A
19. D 20. B 21. B 22. C 23. D 24. B
25. A 26. A 27. B 28. D

三、多选题

1. ABCD 2. ABC 3. ABD 4. ABCD
5. BD 6. BD 7. ABC 8. ABCD
9. ABCD 10. ABC 11. ABCD 12. ABCD
13. ABC 14. ABCD 15. ABCD 16. ABC
17. ABC 18. ABC 19. ABC 20. ABCD
21. ABC 22. ABCD 23. ACD 24. ABCD

25. AB	26. ABC	27. BCD	28. BD
29. ABC	30. ABC	31. BCD	32. ABD
33. ABC	34. ABCD	35. ABCD	36. ABCD
37. ABCD	38. ABCD		

附录

法律法规

中华人民共和国防洪法

（1997 年 8 月 29 日第八届全国人民代表大会常务委员会第二十七次会议通过，自 1998 年 1 月 1 日起施行。根据 2009 年 8 月 27 日第十一届全国人民代表大会常务委员会第十次会议《关于修改部分法律的决定》第一次修正，根据 2015 年 4 月 24 日第十二届全国人民代表大会常务委员会第十四次会议《关于修改〈中华人民共和国港口法〉等七部法律的决定》第二次修正，根据 2016 年 7 月 2 日第十二届全国人民代表大会常务委员会第二十一次会议《关于修改〈中华人民共和国节约能源法〉等六部法律的决定》第三次修正）

第一章　总　　则

第一条　为了防治洪水，防御、减轻洪涝灾害，维护人民的生命和财产安全，保障社会主义现代化建设顺利进行，制定本法。

第二条　防洪工作实行全面规划、统筹兼顾、预防为主、综合治理、局部利益服从全局利益的原则。

第三条　防洪工程设施建设，应当纳入国民经济和社会发展计划。

防洪费用按照政府投入同受益者合理承担相结合的原则筹集。

第四条 开发利用和保护水资源，应当服从防洪总体安排，实行兴利与除害相结合的原则。

江河、湖泊治理以及防洪工程设施建设，应当符合流域综合规划，与流域水资源的综合开发相结合。

本法所称综合规划是指开发利用水资源和防治水害的综合规划。

第五条 防洪工作按照流域或者区域实行统一规划、分级实施和流域管理与行政区域管理相结合的制度。

第六条 任何单位和个人都有保护防洪工程设施和依法参加防汛抗洪的义务。

第七条 各级人民政府应当加强对防洪工作的统一领导，组织有关部门、单位，动员社会力量，依靠科技进步，有计划地进行江河、湖泊治理，采取措施加强防洪工程设施建设，巩固、提高防洪能力。

各级人民政府应当组织有关部门、单位，动员社会力量，做好防汛抗洪和洪涝灾害后的恢复与救济工作。

各级人民政府应当对蓄滞洪区予以扶持；蓄滞洪后，应当依照国家规定予以补偿或者救助。

第八条 国务院水行政主管部门在国务院的领导下，负责全国防洪的组织、协调、监督、指导等日常工作。国务院水行政主管部门在国家确定的重要江河、湖泊设立的流域管理机构，在所管辖的范围内行使法律、行政法规规定和国务院水行政主管部门授权的防洪协调和监督管理职责。

国务院建设行政主管部门和其他有关部门在国务院的领导下，按照各自的职责，负责有关的防洪工作。

县级以上地方人民政府水行政主管部门在本级人民政府的领导下，负责本行政区域内防洪的组织、协调、监督、指导等日常工作。县级以上地方人民政府建设行政主管部门和其他有关部门在本级人民政府的领导下，按照各自的职责，负责有关的防洪工作。

第二章　防洪规划

第九条　防洪规划是指为防治某一流域、河段或者区域的洪涝灾害而制定的总体部署，包括国家确定的重要江河、湖泊的流域防洪规划，其他江河、河段、湖泊的防洪规划以及区域防洪规划。

防洪规划应当服从所在流域、区域的综合规划；区域防洪规划应当服从所在流域的流域防洪规划。

防洪规划是江河、湖泊治理和防洪工程设施建设的基本依据。

第十条　国家确定的重要江河、湖泊的防洪规划，由国务院水行政主管部门依据该江河、湖泊的流域综合规划，会同有关部门和有关省、自治区、直辖市人民政府编制，报国务院批准。

其他江河、河段、湖泊的防洪规划或者区域防洪规划，由县级以上地方人民政府水行政主管部门分别依据流域综合规划、区域综合规划，会同有关部门和有关地区编制，报本级人民政府批准，并报上一级人民政府水行政主管部门备案；跨省、自治区、直辖市的江河、河段、湖泊的防洪规划由有关流域管理机构会同江河、河段、湖泊所在地的省、自治区、直辖市人民政府水行政主管部门、有关主管部门拟定，分别经有关省、自治区、直辖市人民政府审查提出意见后，报国务院水行政主管部门批准。

城市防洪规划，由城市人民政府组织水行政主管部门、建设行政主管部门和其他有关部门依据流域防洪规划、上一级人民政府区域防洪规划编制，按照国务院规定的审批程序批准后纳入城市总体规划。

修改防洪规划，应当报经原批准机关批准。

第十一条 编制防洪规划，应当遵循确保重点、兼顾一般，以及防汛和抗旱相结合、工程措施和非工程措施相结合的原则，充分考虑洪涝规律和上下游、左右岸的关系以及国民经济对防洪的要求，并与国土规划和土地利用总体规划相协调。

防洪规划应当确定防护对象、治理目标和任务、防洪措施和实施方案，划定洪泛区、蓄滞洪区和防洪保护区的范围，规定蓄滞洪区的使用原则。

第十二条 受风暴潮威胁的沿海地区的县级以上地方人民政府，应当把防御风暴潮纳入本地区的防洪规划，加强海堤（海塘）、挡潮闸和沿海防护林等防御风暴潮工程体系建设，监督建筑物、构筑物的设计和施工符合防御风暴潮的需要。

第十三条 山洪可能诱发山体滑坡、崩塌和泥石流的地区以及其他山洪多发地区的县级以上地方人民政府，应当组织负责地质矿产管理工作的部门、水行政主管部门和其他有关部门对山体滑坡、崩塌和泥石流隐患进行全面调查，划定重点防治区，采取防治措施。

城市、村镇和其他居民点以及工厂、矿山、铁路和公路干线的布局，应当避开山洪威胁；已经建在受山洪威胁的地方的，应当采取防御措施。

第十四条 平原、洼地、水网圩区、山谷、盆地等易涝地区的有关地方人民政府，应当制定除涝治涝规划，组织有关部门、单位采取相应的治理措施，完善排水系统，发展耐涝农作物种类和品种，开展洪涝、干旱、盐碱综合治理。

城市人民政府应当加强对城区排涝管网、泵站的建设和管理。

第十五条 国务院水行政主管部门应当会同有关部门和省、自治区、直辖市人民政府制定长江、黄河、珠江、辽河、淮河、海河入海河口的整治规划。

在前款入海河口围海造地，应当符合河口整治规划。

第十六条 防洪规划确定的河道整治计划用地和规划建设的堤防用地范围内的土地，经土地管理部门和水行政主管部门会同有关地区核定，报经县级以上人民政府按照国务院规定的权限批准后，可以划定为规划保留区；该规划保留区范围内的土地涉及其他项目用地的，有关土地管理部门和水行政主管部门核定时，应当征求有关部门的意见。

规划保留区依照前款规定划定后，应当公告。

前款规划保留区内不得建设与防洪无关的工矿工程设施；在特殊情况下，国家工矿建设项目确需占用前款规划保留区内的土地的，应当按照国家规定的基本建设程序报请批准，并征求有关水行政主管部门的意见。

防洪规划确定的扩大或者开辟的人工排洪道用地范围内的土地，经省级以上人民政府土地管理部门和水行政主管部门会同有关部门、有关地区核定，报省级以上人民政府按照国务院规定的权限批准后，可以划定为规划保留区，适用前款规定。

第十七条 在江河、湖泊上建设防洪工程和其他水工程、水电站等，应当符合防洪规划的要求；水库应当按照防洪规划的要求留足防洪库容。

前款规定的防洪工程和其他水工程、水电站未取得有关水行政主管部门签署的符合防洪规划要求的规划同意书的，建设单位不得开工建设。

第三章 治理与防护

第十八条 防治江河洪水，应当蓄泄兼施，充分发挥河道行洪能力和水库、洼淀、湖泊调蓄洪水的功能，加强河道防护，因地制宜地采取定期清淤疏浚等措施，保持行洪畅通。

防治江河洪水，应当保护、扩大流域林草植被，涵养水源，加强流域水土保持综合治理。

第十九条 整治河道和修建控制引导河水流向、保护堤岸等工程，应当兼顾上下游、左右岸的关系，按照规划治导线实施，不得任意改变河水流向。

国家确定的重要江河的规划治导线由流域管理机构拟定，报国务院水行政主管部门批准。

其他江河、河段的规划治导线由县级以上地方人民政府水行政主管部门拟定，报本级人民政府批准；跨省、自治区、直辖市的江河、河段和省、自治区、直辖市之间的省界河道的规划治导线由有关流域管理机构组织江河、河段所在地的省、自治区、直辖市人民政府水行政主管部门拟定，经有关省、自治区、直辖市人民政府审查提出意见后，报国务院水行政主管部门批准。

第二十条 整治河道、湖泊，涉及航道的，应当兼顾航运需要，并事先征求交通主管部门的意见。整治航道，应当符合江河、湖泊防洪安全要求，并事先征求水行政主管部门的意见。

在竹木流放的河流和渔业水域整治河道的，应当兼顾竹木水运和渔业发展的需要，并事先征求林业、渔业行政主管部门的意见。在河道中流放竹木，不得影响行洪和防洪工程设施的安全。

第二十一条 河道、湖泊管理实行按水系统一管理和分级管理相结合的原则，加强防护，确保畅通。

国家确定的重要江河、湖泊的主要河段，跨省、自治区、直辖市的重要河段、湖泊，省、自治区、直辖市之间的省界河道、湖泊以及国（边）界河道、湖泊，由流域管理机构和江河、湖泊所在地的省、自治区、直辖市人民政府水行政主管部门按照国务院水行政主管部门的划定依法实施管理。其他河道、湖泊，由县级以上地方人民政府水行政主管部门按照国务院水行政主管部门或者国务院水行政主管部门授权的机构的划定依法实施管理。

有堤防的河道、湖泊，其管理范围为两岸堤防之间的水域、沙洲、滩地、行洪区和堤防及护堤地；无堤防的河道、湖泊，其管理范围为历史最高洪水位或者设计洪水位之间的水域、沙洲、滩地和行洪区。

流域管理机构直接管理的河道、湖泊管理范围，由流域管理机构会同有关县级以上地方人民政府依照前款规定界定；其他河道、湖泊管理范围，由有关县级以上地方人民政府依照前款规定界定。

第二十二条 河道、湖泊管理范围内的土地和岸线的利用，应当符合行洪、输水的要求。

禁止在河道、湖泊管理范围内建设妨碍行洪的建筑物、构筑物，倾倒垃圾、渣土，从事影响河势稳定、危害河岸堤防安全和其他妨碍河道行洪的活动。

禁止在行洪河道内种植阻碍行洪的林木和高秆作物。

在船舶航行可能危及堤岸安全的河段，应当限定航速。限定航速的标志，由交通主管部门与水行政主管部门商定后设置。

第二十三条 禁止围湖造地。已经围垦的，应当按照国家规定的防洪标准进行治理，有计划地退地还湖。

禁止围垦河道。确需围垦的，应当进行科学论证，经水行政主管部门确认不妨碍行洪、输水后，报省级以上人民政府批准。

第二十四条 对居住在行洪河道内的居民，当地人民政府应当有计划地组织外迁。

第二十五条 护堤护岸的林木，由河道、湖泊管理机构组织营造和管理。护堤护岸林木，不得任意砍伐。采伐护堤护岸林木的，应当依法办理采伐许可手续，并完成规定的更新补种任务。

第二十六条 对壅水、阻水严重的桥梁、引道、码头和其他跨河工程设施，根据防洪标准，有关水行政主管部门可以报请县级以上人民政府按照国务院规定的权限责令建设单位限期改建或者拆除。

第二十七条 建设跨河、穿河、穿堤、临河的桥梁、码头、道路、渡口、管道、缆线、取水、排水等工程设施，应当符合防洪标准、岸线规划、航运要求和其他技术要求，不得危害堤防安全、影响河势稳定、妨碍行洪畅通；其工程建设方案未经有关水行政主管部门根据前述防洪要求审查同意的，建设单位不得开工建设。

前款工程设施需要占用河道、湖泊管理范围内土地，跨越河道、湖泊空间或者穿越河床的，建设单位应当经有关水行政主管部门对该工程设施建设的位置和界限审查批准后，方可依法办理开工手续；安排施工时，应当按照水行政主管部门审查批准的位置和界限进行。

第二十八条 对于河道、湖泊管理范围内依照本法规定建设的工程设施，水行政主管部门有权依法检查；水行政主管部门检查时，被检查者应当如实提供有关的情况和资料。

前款规定的工程设施竣工验收时，应当有水行政主管部门参加。

第四章　防洪区和防洪工程设施的管理

第二十九条　防洪区是指洪水泛滥可能淹及的地区，分为洪泛区、蓄滞洪区和防洪保护区。

洪泛区是指尚无工程设施保护的洪水泛滥所及的地区。

蓄滞洪区是指包括分洪口在内的河堤背水面以外临时贮存洪水的低洼地区及湖泊等。

防洪保护区是指在防洪标准内受防洪工程设施保护的地区。

洪泛区、蓄滞洪区和防洪保护区的范围，在防洪规划或者防御洪水方案中划定，并报请省级以上人民政府按照国务院规定的权限批准后予以公告。

第三十条　各级人民政府应当按照防洪规划对防洪区内的土地利用实行分区管理。

第三十一条　地方各级人民政府应当加强对防洪区安全建设工作的领导，组织有关部门、单位对防洪区内的单位和居民进行防洪教育，普及防洪知识，提高水患意识；按照防洪规划和防御洪水方案建立并完善防洪体系和水文、气象、通信、预警以及洪涝灾害监测系统，提高防御洪水能力；组织防洪区内的单位和居民积极参加防洪工作，因地制宜地采取防洪避洪措施。

第三十二条　洪泛区、蓄滞洪区所在地的省、自治区、直辖市人民政府应当组织有关地区和部门，按照防洪规划的要求，制定洪泛区、蓄滞洪区安全建设计划，控制蓄滞洪区人口增长，对居住在经常使用的蓄滞洪区的居民，有计划地组织外迁，并采取其他必要的安全保护措施。

因蓄滞洪区而直接受益的地区和单位，应当对蓄滞洪区承担国家规定的补偿、救助义务。国务院和有关的省、自治区、直辖市人民政府应当建立对蓄滞洪区的扶持和补偿、救助制度。

国务院和有关的省、自治区、直辖市人民政府可以制定洪泛区、蓄滞洪区安全建设管理办法以及对蓄滞洪区的扶持和补偿、救助办法。

第三十三条 在洪泛区、蓄滞洪区内建设非防洪建设项目，应当就洪水对建设项目可能产生的影响和建设项目对防洪可能产生的影响作出评价，编制洪水影响评价报告，提出防御措施。洪水影响评价报告未经有关水行政主管部门审查批准的，建设单位不得开工建设。

在蓄滞洪区内建设的油田、铁路、公路、矿山、电厂、电信设施和管道，其洪水影响评价报告应当包括建设单位自行安排的防洪避洪方案。建设项目投入生产或者使用时，其防洪工程设施应当经水行政主管部门验收。

在蓄滞洪区内建造房屋应当采用平顶式结构。

第三十四条 大中城市，重要的铁路、公路干线，大型骨干企业，应当列为防洪重点，确保安全。

受洪水威胁的城市、经济开发区、工矿区和国家重要的农业生产基地等，应当重点保护，建设必要的防洪工程设施。

城市建设不得擅自填堵原有河道沟叉、贮水湖塘洼淀和废除原有防洪围堤。确需填堵或者废除的，应当经城市人民政府批准。

第三十五条 属于国家所有的防洪工程设施，应当按照经批准的设计，在竣工验收前由县级以上人民政府按照国家规定，划定管理和保护范围。

属于集体所有的防洪工程设施，应当按照省、自治区、直辖市人民政府的规定，划定保护范围。

在防洪工程设施保护范围内，禁止进行爆破、打井、采石、取土等危害防洪工程设施安全的活动。

第三十六条 各级人民政府应当组织有关部门加强对水库大坝的定期检查和监督管理。对未达到设计洪水标准、抗震设防要求或者有严重质量缺陷的险坝，大坝主管部门应当组织有关单位采取除险加固措施，限期消除危险或者重建，有关人民政府应当优先安排所需资金。对可能出现垮坝的水库，应当事先制定应急抢险和居民临时撤离方案。

各级人民政府和有关主管部门应当加强对尾矿坝的监督管理，采取措施，避免因洪水导致垮坝。

第三十七条 任何单位和个人不得破坏、侵占、毁损水库大坝、堤防、水闸、护岸、抽水站、排水渠系等防洪工程和水文、通信设施以及防汛备用的器材、物料等。

第五章 防汛抗洪

第三十八条 防汛抗洪工作实行各级人民政府行政首长负责制，统一指挥、分级分部门负责。

第三十九条 国务院设立国家防汛指挥机构，负责领导、组织全国的防汛抗洪工作，其办事机构设在国务院水行政主管部门。

在国家确定的重要江河、湖泊可以设立由有关省、自治区、直辖市人民政府和该江河、湖泊的流域管理机构负责人等组成的防汛指挥机构，指挥所管辖范围内的防汛抗洪工作，其办事机构设在流域管理机构。

有防汛抗洪任务的县级以上地方人民政府设立由有关部门、当地驻军、人民武装部负责人等组成的防汛指挥机构，在上级防汛指挥机构和本级人民政府的领导下，指挥本地区的防汛抗洪工作，其办事机构设在同级水行政主管部门；必要时，经城市人民政府决定，防汛指挥机构也可以在建设行政主管部门设城市市区办事机构，在防汛指挥机构的统一领导下，负责城市市区的防汛抗洪日常工作。

第四十条　有防汛抗洪任务的县级以上地方人民政府根据流域综合规划、防洪工程实际状况和国家规定的防洪标准，制定防御洪水方案（包括对特大洪水的处置措施）。

长江、黄河、淮河、海河的防御洪水方案，由国家防汛指挥机构制定，报国务院批准；跨省、自治区、直辖市的其他江河的防御洪水方案，由有关流域管理机构会同有关省、自治区、直辖市人民政府制定，报国务院或者国务院授权的有关部门批准。防御洪水方案经批准后，有关地方人民政府必须执行。

各级防汛指挥机构和承担防汛抗洪任务的部门和单位，必须根据防御洪水方案做好防汛抗洪准备工作。

第四十一条　省、自治区、直辖市人民政府防汛指挥机构根据当地的洪水规律，规定汛期起止日期。

当江河、湖泊的水情接近保证水位或者安全流量，水库水位接近设计洪水位，或者防洪工程设施发生重大险情时，有关县级以上人民政府防汛指挥机构可以宣布进入紧急防汛期。

第四十二条　对河道、湖泊范围内阻碍行洪的障碍物，按照谁设障、谁清除的原则，由防汛指挥机构责令限期清除；逾期不清除的，由防汛指挥机构组织强行清除，所需费用由设障者承担。

在紧急防汛期，国家防汛指挥机构或者其授权的流域、省、自治区、直辖市防汛指挥机构有权对壅水、阻水严重的桥梁、引道、码头和其他跨河工程设施作出紧急处置。

第四十三条 在汛期，气象、水文、海洋等有关部门应当按照各自的职责，及时向有关防汛指挥机构提供天气、水文等实时信息和风暴潮预报；电信部门应当优先提供防汛抗洪通信的服务；运输、电力、物资材料供应等有关部门应当优先为防汛抗洪服务。

中国人民解放军、中国人民武装警察部队和民兵应当执行国家赋予的抗洪抢险任务。

第四十四条 在汛期，水库、闸坝和其他水工程设施的运用，必须服从有关的防汛指挥机构的调度指挥和监督。

在汛期，水库不得擅自在汛期限制水位以上蓄水，其汛期限制水位以上的防洪库容的运用，必须服从防汛指挥机构的调度指挥和监督。

在凌汛期，有防凌汛任务的江河的上游水库的下泄水量必须征得有关的防汛指挥机构的同意，并接受其监督。

第四十五条 在紧急防汛期，防汛指挥机构根据防汛抗洪的需要，有权在其管辖范围内调用物资、设备、交通运输工具和人力，决定采取取土占地、砍伐林木、清除阻水障碍物和其他必要的紧急措施；必要时，公安、交通等有关部门按照防汛指挥机构的决定，依法实施陆地和水面交通管制。

依照前款规定调用的物资、设备、交通运输工具等，在汛期结束后应当及时归还；造成损坏或者无法归还的，按照国务院有关规定给予适当补偿或者作其他处理。取土占地、砍伐林木的，在汛期结束后依法向有关部门补办手续；有关地方人民政府对取土后的土地组织复垦，对砍伐的林木组织补种。

第四十六条 江河、湖泊水位或者流量达到国家规定的分洪标准，需要启用蓄滞洪区时，国务院，国家防汛指挥机构，流域防汛指挥机构，省、自治区、直辖市人民政府，省、自治区、直辖市防汛指挥机构，按照依法经批准的防御洪水方案中规定的启用条件和批准程序，决定启用蓄滞洪区。依法启用蓄滞洪区，任何单位和个人不得阻拦、拖延；遇到阻拦、拖延时，由有关县级以上地方人民政府强制实施。

第四十七条 发生洪涝灾害后，有关人民政府应当组织有关部门、单位做好灾区的生活供给、卫生防疫、救灾物资供应、治安管理、学校复课、恢复生产和重建家园等救灾工作以及所管辖地区的各项水毁工程设施修复工作。水毁防洪工程设施的修复，应当优先列入有关部门的年度建设计划。

国家鼓励、扶持开展洪水保险。

第六章 保障措施

第四十八条 各级人民政府应当采取措施，提高防洪投入的总体水平。

第四十九条 江河、湖泊的治理和防洪工程设施的建设和维护所需投资，按照事权和财权相统一的原则，分级负责，由中央和地方财政承担。城市防洪工程设施的建设和维护所需投资，由城市人民政府承担。

受洪水威胁地区的油田、管道、铁路、公路、矿山、电力、电信等企业、事业单位应当自筹资金，兴建必要的防洪自保工程。

第五十条 中央财政应当安排资金，用于国家确定的重要江河、湖泊的堤坝遭受特大洪涝灾害时的抗洪抢险和水毁防洪工程修复。省、自治区、直辖市人民政府应当在本级财政预算中安排资金，用于本行政区域内遭受特大洪涝灾害地区的抗洪抢险和水毁防洪工程修复。

第五十一条 国家设立水利建设基金，用于防洪工程和水利工程的维护和建设。具体办法由国务院规定。

受洪水威胁的省、自治区、直辖市为加强本行政区域内防洪工程设施建设，提高防御洪水能力，按照国务院的有关规定，可以规定在防洪保护区范围内征收河道工程修建维护管理费。

第五十二条 任何单位和个人不得截留、挪用防洪、救灾资金和物资。

各级人民政府审计机关应当加强对防洪、救灾资金使用情况的审计监督。

第七章 法律责任

第五十三条 违反本法第十七条规定，未经水行政主管部门签署规划同意书，擅自在江河、湖泊上建设防洪工程和其他水工程、水电站的，责令停止违法行为，补办规划同意书手续；违反规划同意书的要求，严重影响防洪的，责令限期拆除；违反规划同意书的要求，影响防洪但尚可采取补救措施的，责令限期采取补救措施，可以处一万元以上十万元以下的罚款。

第五十四条 违反本法第十九条规定，未按照规划治导线整治河道和修建控制引导河水流向、保护堤岸等工程，影响防洪的，责令停止违法行为，恢复原状或者采取其他补救措施，可以处一万元以上十万元以下的罚款。

第五十五条 违反本法第二十二条第二款、第三款规定，有下列行为之一的，责令停止违法行为，排除阻碍或者采取其他补救措施，可以处五万元以下的罚款：

（一）在河道、湖泊管理范围内建设妨碍行洪的建筑物、构筑物的；

（二）在河道、湖泊管理范围内倾倒垃圾、渣土，从事影响河势稳定、危害河岸堤防安全和其他妨碍河道行洪的活动的；

（三）在行洪河道内种植阻碍行洪的林木和高秆作物的。

第五十六条 违反本法第十五条第二款、第二十三条规定，围海造地、围湖造地、围垦河道的，责令停止违法行为，恢复原状或者采取其他补救措施，可以处五万元以下的罚款；既不恢复原状也不采取其他补救措施的，代为恢复原状或者采取其他补救措施，所需费用由违法者承担。

第五十七条 违反本法第二十七条规定，未经水行政主管部门对其工程建设方案审查同意或者未按照有关水行政主管部门审查批准的位置、界限，在河道、湖泊管理范围内从事工程设施建设活动的，责令停止违法行为，补办审查同意或者审查批准手续；工程设施建设严重影响防洪的，责令限期拆除，逾期不拆除的，强行拆除，所需费用由建设单位承担；影响行洪但尚可采取补救措施的，责令限期采取补救措施，可以处一万元以上十万元以下的罚款。

第五十八条 违反本法第三十三条第一款规定，在洪泛区、蓄滞洪区内建设非防洪建设项目，未编制洪水影响评价报告或者洪水影响评价报告未经审查批准开工建设的，责令限期改正；逾期不改正的，处五万元以下的罚款。

违反本法第三十三条第二款规定，防洪工程设施未经验收，即将建设项目投入生产或者使用的，责令停止生产或者使用，限期验收防洪工程设施，可以处五万元以下的罚款。

第五十九条 违反本法第三十四条规定，因城市建设擅自填堵原有河道沟叉、贮水湖塘洼淀和废除原有防洪围堤的，城市人民政府应当责令停止违法行为，限期恢复原状或者采取其他补救措施。

第六十条 违反本法规定，破坏、侵占、毁损堤防、水闸、护岸、抽水站、排水渠系等防洪工程和水文、通信设施以及防汛备用的器材、物料的，责令停止违法行为，采取补救措施，可以处五万元以下的罚款；造成损坏的，依法承担民事责任；应当给予治安管理处罚的，依照治安管理处罚法的规定处罚；构成犯罪的，依法追究刑事责任。

第六十一条 阻碍、威胁防汛指挥机构、水行政主管部门或者流域管理机构的工作人员依法执行职务，构成犯罪的，依法追究刑事责任；尚不构成犯罪，应当给予治安管理处罚的，依照治安管理处罚法的规定处罚。

第六十二条 截留、挪用防洪、救灾资金和物资，构成犯罪的，依法追究刑事责任；尚不构成犯罪的，给予行政处分。

第六十三条 除本法第五十九条的规定外，本章规定的行政处罚和行政措施，由县级以上人民政府水行政主管部门决定，或者由流域管理机构按照国务院水行政主管部门规定的权限决定。但是，本法第六十条、第六十一条规定的治安管理处罚的决定机关，按照治安管理处罚法的规定执行。

第六十四条 国家工作人员，有下列行为之一，构成犯罪的，依法追究刑事责任；尚不构成犯罪的，给予行政处分：

（一）违反本法第十七条、第十九条、第二十二条第二款、第二十二条第三款、第二十七条或者第三十四条规定，严重影响防洪的；

（二）滥用职权，玩忽职守，徇私舞弊，致使防汛抗洪工作遭受重大损失的；

（三）拒不执行防御洪水方案、防汛抢险指令或者蓄滞洪方案、措施、汛期调度运用计划等防汛调度方案的；

（四）违反本法规定，导致或者加重毗邻地区或者其他单位洪灾损失的。

第八章　附　　则

第六十五条　本法自 1998 年 1 月 1 日起施行。

中华人民共和国防汛条例

（1991 年 6 月 28 日国务院第 87 次常务会议通过，1991 年 7 月 2 日中华人民共和国国务院令第 86 号公布。2005 年 7 月 15 日中华人民共和国国务院令第 441 号《国务院关于修改〈中华人民共和国防汛条例〉的决定》第一次修订，2011 年 1 月 8 日《国务院关于废止和修改部分行政法规的决定》第二次修订，中华人民共和国国务院令第 588 号公布，自公布之日起施行）

第一章 总 则

第一条 为了做好防汛抗洪工作，保障人民生命财产安全和经济建设的顺利进行，根据《中华人民共和国水法》，制定本条例。

第二条 在中华人民共和国境内进行防汛抗洪活动，适用本条例。

第三条 防汛工作实行“安全第一，常备不懈，以防为主，全力抢险”的方针，遵循团结协作和局部利益服从全局利益的原则。

第四条 防汛工作实行各级人民政府行政首长负责制，实行统一指挥，分级分部门负责。各有关部门实行防汛岗位责任制。

第五条 任何单位和个人都有参加防汛抗洪的义务。

中国人民解放军和武装警察部队是防汛抗洪的重要力量。

第二章 防汛组织

第六条 国务院设立国家防汛总指挥部，负责组织领导全国的防汛抗洪工作，其办事机构设在国务院水行政主管部门。

长江和黄河，可以设立由有关省、自治区、直辖市人民政府和该江河的流域管理机构（以下简称流域机构）负责人等组成的防汛指挥机构，负责指挥所辖范围的防汛抗洪工作，其办事机构设在流域机构。长江和黄河的重大防汛抗洪事项须经国家防汛总指挥部批准后执行。

国务院水行政主管部门所属的淮河、海河、珠江、松花江、辽河、太湖等流域机构，设立防汛办事机构，负责协调本流域的防汛日常工作。

第七条 有防汛任务的县级以上地方人民政府设立防汛指挥部，由有关部门、当地驻军、人民武装部负责人组成，由各级人民政府首长担任指挥。各级人民政府防汛指挥部在上级人民政府防汛指挥部和同级人民政府的领导下，执行上级防汛指令，制定各项防汛抗洪措施，统一指挥本地区的防汛抗洪工作。

各级人民政府防汛指挥部办事机构设在同级水行政主管部门；城市市区的防汛指挥部办事机构也可以设在城建主管部门，负责管理所辖范围的防汛日常工作。

第八条 石油、电力、邮电、铁路、公路、航运、工矿以及商业、物资等有防汛任务的部门和单位，汛期应当设立防汛机构，在有管辖权的人民政府防汛指挥部统一领导下，负责做好本行业和本单位的防汛工作。

第九条 河道管理机构、水利水电工程管理单位和江河沿岸在建工程的建设单位，必须加强对所辖水工程设施的管理维护，保证其安全正常运行，组织和参加防汛抗洪工作。

第十条 有防汛任务的地方人民政府应当组织以民兵为骨干的群众性防汛队伍，并责成有关部门将防汛队伍组成人员登记造册，明确各自的任务和责任。

河道管理机构和其他防洪工程管理单位可以结合平时的管理任务，组织本单位的防汛抢险队伍，作为紧急抢险的骨干力量。

第三章 防汛准备

第十一条 有防汛任务的县级以上人民政府，应当根据流域综合规划、防洪工程实际状况和国家规定的防洪标准，制定防御洪水方案（包括对特大洪水的处置措施）。

长江、黄河、淮河、海河的防御洪水方案，由国家防汛总指挥部制定，报国务院批准后施行；跨省、自治区、直辖市的其他江河的防御洪水方案，有关省、自治区、直辖市人民政府制定后，经有管辖权的流域机构审查同意，由省、自治区、直辖市人民政府报国务院或其授权的机构批准后施行。

有防汛抗洪任务的城市人民政府，应当根据流域综合规划和江河的防御洪水方案，制定本城市的防御洪水方案，报上级人民政府或其授权的机构批准后施行。

防御洪水方案经批准后，有关地方人民政府必须执行。

第十二条 有防汛任务的地方，应当根据经批准的防御洪水方案制定洪水调度方案。长江、黄河、淮河、海河（海河流域的永定河、大清河、漳卫南运河和北三河）、松花江、辽河、珠江和太湖流域的洪水调度方案，由有关流域机构会同有关省、自治区、直辖市人民政府制定，报国家防汛总指挥部批准。跨省、自治区、直辖市的其他江河的洪水调度方案，由有关流域机构会同有关省、自治区、直辖市人民政府制定，报流域防汛指挥机构批准；没有设立流域防汛指挥机构的，报国家防汛总指挥部批准。其他江河的洪水调度方案，由有管辖权的水行政主管部门会同有关地方人民政府制定，报有管辖权的防汛指挥机构批准。

洪水调度方案经批准后，有关地方人民政府必须执行。修改洪水调度方案，应当报经原批准机关批准。

第十三条 有防汛抗洪任务的企业应当根据所在流域或者地区经批准的防御洪水方案和洪水调度方案，规定本企业的防汛抗洪措施，在征得其所在地县级人民政府水行政主管部门同意后，由有管辖权的防汛指挥机构监督实施。

第十四条 水库、水电站、拦河闸坝等工程的管理部门，应当根据工程规划设计、经批准的防御洪水方案和洪水调度方案以及工程实际状况，在兴利服从防洪，保证安全的前提下，制定汛期调度运用计划，经上级主管部门审查批准后，报有管辖权的人民政府防汛指挥部备案，并接受其监督。

经国家防汛总指挥部认定的对防汛抗洪关系重大的水电站，其防洪库容的汛期调度运用计划经上级主管部门审查同意后，须经有管辖权的人民政府防汛指挥部批准。

汛期调度运用计划经批准后，由水库、水电站、拦河闸坝等工程的管理部门负责执行。

有防凌任务的江河，其上游水库在凌汛期间的下泄水量，必须征得有管辖权的人民政府防汛指挥部的同意，并接受其监督。

第十五条 各级防汛指挥部应当在汛前对各类防洪设施组织检查，发现影响防洪安全的问题，责成责任单位在规定的期限内处理，不得贻误防汛抗洪工作。

各有关部门和单位按照防汛指挥部的统一部署，对所管辖的防洪工程设施进行汛前检查后，必须将影响防洪安全的问题和处理措施报有管辖权的防汛指挥部和上级主管部门，并按照该防汛指挥部的要求予以处理。

第十六条 关于河道清障和对壅水、阻水严重的桥梁、引道、码头和其他跨河工程设施的改建或者拆除，按照《中华人民共和国河道管理条例》的规定执行。

第十七条 蓄滞洪区所在地的省级人民政府应当按照国务院的有关规定，组织有关部门和市、县，制定所管辖的蓄滞洪区的安全与建设规划，并予实施。

各级地方人民政府必须对所管辖的蓄滞洪区的通信、预报警报、避洪、撤退道路等安全设施，以及紧急撤离和救生的准备工作进行汛前检查，发现影响安全的问题，及时处理。

第十八条 山洪、泥石流易发地区，当地有关部门应当指定预防监测员及时监测。雨季到来之前，当地人民政府防汛指挥部应当组织有关单位进行安全检查，对险情征兆明显的地区，应当及时把群众撤离险区。

风暴潮易发地区，当地有关部门应当加强对水库、海堤、闸坝、高压电线等设施和房屋的安全检查，发现影响安全的问题，及时处理。

第十九条 地区之间在防汛抗洪方面发生的水事纠纷，由发生纠纷地区共同的上一级人民政府或其授权的主管部门处理。

前款所指人民政府或者部门在处理防汛抗洪方面的水事纠纷时，有权采取临时紧急处置措施，有关当事各方必须服从并贯彻执行。

第二十条 有防汛任务的地方人民政府应当建设和完善江河堤防、水库、蓄滞洪区等防洪设施，以及该地区的防汛通信、预报警报系统。

第二十一条 各级防汛指挥部应当储备一定数量的防汛抢险物资，由商业、供销、物资部门代储的，可以支付适当的保管费。受洪水威胁的单位和群众应当储备一定的防汛抢险物料。

防汛抢险所需的主要物资，由计划主管部门在年度计划中予以安排。

第二十二条 各级人民政府防汛指挥部汛前应当向有关单位和当地驻军介绍防御洪水方案，组织交流防汛抢险经验。有关方面汛期应当及时通报水情。

第四章 防汛与抢险

第二十三条 省级人民政府防汛指挥部，可以根据当地的洪水规律，规定汛期起止日期。当江河、湖泊、水库的水情接近保证水位或者安全流量时，或者防洪工程设施发生重大险情，情况紧急时，县级以上地方人民政府可以宣布进入紧急防汛期，并报告上级人民政府防汛指挥部。

第二十四条 防汛期内，各级防汛指挥部必须有负责人主持工作。有关责任人员必须坚守岗位，及时掌握汛情，并按照防御洪水方案和汛期调度运用计划进行调度。

第二十五条 在汛期，水利、电力、气象、海洋、农林等部门的水文站、雨量站，必须及时准确地向各级防汛指挥部提供实时水文信息；气象部门必须及时向各级防汛指挥部提供有关天气预报和实时气象信息；水文部门必须及时向各级防汛指挥部提供有关水文预报；海洋部门必须及时向沿海地区防汛指挥部提供风暴潮预报。

第二十六条 在汛期，河道、水库、闸坝、水运设施等水工程管理单位及其主管部门在执行汛期调度运用计划时，必须服从有管辖权的人民政府防汛指挥部的统一调度指挥或者监督。

在汛期，以发电为主的水库，其汛限水位以上的防洪库容以及洪水调度运用必须服从有管辖权的人民政府防汛指挥部的统一调度指挥。

第二十七条 在汛期，河道、水库、水电站、闸坝等水工程管理单位必须按照规定对水工程进行巡查，发现险情，必须立即采取抢护措施，并及时向防汛指挥部和上级主管部门报告。其他任何单位和个人发现水工程设施出现险情，应当立即向防汛指挥部和水工程管理单位报告。

第二十八条 在汛期，公路、铁路、航运、民航等部门应当及时运送防汛抢险人员和物资；电力部门应当保证防汛用电。

第二十九条 在汛期，电力调度通信设施必须服从防汛工作需要；邮电部门必须保证汛情和防汛指令的及时、准确传递，电视、广播、公路、铁路、航运、民航、公安、林业、石油等部门应当运用本部门的通信工具优先为防汛抗洪服务。

电视、广播、新闻单位应当根据人民政府防汛指挥部提供的汛情，及时向公众发布防汛信息。

第三十条 在紧急防汛期，地方人民政府防汛指挥部必须由人民政府负责人主持工作，组织动员本地区各有关单位和个人投入抗洪抢险。所有单位和个人必须听从指挥，承担人民政府防汛指挥部分配的抗洪抢险任务。

第三十一条 在紧急防汛期，公安部门应当按照人民政府防汛指挥部的要求，加强治安管理和安全保卫工作。必要时须由有关部门依法实行陆地和水面交通管制。

第三十二条 在紧急防汛期，为了防汛抢险需要，防汛指挥部有权在其管辖范围内，调用物资、设备、交通运输工具和人力，事后应当及时归还或者给予适当补偿。因抢险需要取土占地、砍伐林木、清除阻水障碍物的，任何单位和个人不得阻拦。

前款所指取土占地、砍伐林木的，事后应当依法向有关部门补办手续。

第三十三条 当河道水位或者流量达到规定的分洪、滞洪标准时，有管辖权的人民政府防汛指挥部有权根据经批准的分洪、滞洪方案，采取分洪、滞洪措施。采取上述措施对毗邻地区有危害的，须经有管辖权的上级防汛指挥机构批准，并事先通知有关地区。

在非常情况下，为保护国家确定的重点地区和大局安全，必须作出局部牺牲时，在报经有管辖权的上级人民政府防汛指挥部批准后，当地人民政府防汛指挥部可以采取非常紧急措施。

实施上述措施时，任何单位和个人不得阻拦，如遇到阻拦和拖延时，有管辖权的人民政府有权组织强制实施。

第三十四条 当洪水威胁群众安全时，当地人民政府应当及时组织群众撤离至安全地带，并做好生活安排。

第三十五条 按照水的天然流势或者防洪、排涝工程的设计标准，或者经批准的运行方案下泄的洪水，下游地区不得设障阻水或者缩小河道的过水能力；上游地区不得擅自增大下泄流量。

未经有管辖权的人民政府或其授权的部门批准，任何单位和个人不得改变江河河势的自然控制点。

第五章 善后工作

第三十六条 在发生洪水灾害的地区，物资、商业、供销、农业、公路、铁路、航运、民航等部门应当做好抢险救灾物资的供应和运输；民政、卫生、教育等部门应当做好灾区群众的生活供给、医疗防疫、学校复课以及恢复生产等救灾工作；水利、电力、邮电、公路等部门应当做好所管辖的水毁工程的修复工作。

第三十七条 地方各级人民政府防汛指挥部，应当按照国家统计部门批准的洪涝灾害统计报表的要求，核实和统计所管辖范围的洪涝灾情，报上级主管部门和同级统计部门，有关单位和个人不得虚报、瞒报、伪造、篡改。

第三十八条 洪水灾害发生后，各级人民政府防汛指挥部应当积极组织和帮助灾区群众恢复和发展生产。修复水毁工程所需费用，应当优先列入有关主管部门年度建设计划。

第六章 防汛经费

第三十九条 由财政部门安排的防汛经费，按照分级管理的原则，分别列入中央财政和地方财政预算。

在汛期，有防汛任务的地区的单位和个人应当承担一定的防汛抢险的劳务和费用，具体办法由省、自治区、直辖市人民政府制定。

第四十条 防御特大洪水的经费管理，按照有关规定执行。

第四十一条 对蓄滞洪区，逐步推行洪水保险制度，具体办法另行制定。

第七章 奖励与处罚

第四十二条 有下列事迹之一的单位和个人，可以由县级以上人民政府给予表彰或者奖励：

（一）在执行抗洪抢险任务时，组织严密，指挥得当，防守得力，奋力抢险，出色完成任务者；

（二）坚持巡堤查险，遇到险情及时报告，奋力抗洪抢险，成绩显著者；

（三）在危险关头，组织群众保护国家和人民财产，抢救群众有功者；

（四）为防汛调度、抗洪抢险献计献策，效益显著者；

（五）气象、雨情、水情测报和预报准确及时，情报传递迅速，克服困难，抢测洪水，因而减轻重大洪水灾害者；

（六）及时供应防汛物料和工具，爱护防汛器材，节约经费开支，完成防汛抢险任务成绩显著者；

（七）有其他特殊贡献，成绩显著者。

第四十三条 有下列行为之一者，视情节和危害后果，由其所在单位或者上级主管机关给予行政处分；应当给予治安管理处罚的，依照《中华人民共和国治安管理处罚法》的规定处罚；构成犯罪的，依法追究刑事责任：

（一）拒不执行经批准的防御洪水方案、洪水调度方案，或者拒不执行有管辖权的防汛指挥机构的防汛调度方案或者防汛抢险指令的；

（二）玩忽职守，或者在防汛抢险的紧要关头临阵逃脱的；

（三）非法扒口决堤或者开闸的；

（四）挪用、盗窃、贪污防汛或者救灾的钱款或者物资的；

（五）阻碍防汛指挥机构工作人员依法执行职务的；

（六）盗窃、毁损或者破坏堤防、护岸、闸坝等水工程建筑物和防汛工程设施以及水文监测、测量设施、气象测报设施、河岸地质监测设施、通信照明设施的；

（七）其他危害防汛抢险工作的。

第四十四条 违反河道和水库大坝的安全管理，依照《中华人民共和国河道管理条例》和《水库大坝安全管理条例》的有关规定处理。

第四十五条 虚报、瞒报洪涝灾情，或者伪造、篡改洪涝灾害统计资料的，依照《中华人民共和国统计法》及其实施细则的有关规定处理。

第四十六条 当事人对行政处罚不服的，可以在接到处罚通知之日起15日内，向作出处罚决定机关的上一级机关申请复议；对复议决定不服的，可以在接到复议决定之日起15日内，向人民法院起诉。当事人也可以在接到处罚通知之日起15日内，直接向人民法院起诉。

当事人逾期不申请复议或者不向人民法院起诉，又不履行处罚决定的，由作出处罚决定的机关申请人民法院强制执行；在汛期，也可以由作出处罚决定的机关强制执行；对治安管理处罚不服的，依照《中华人民共和国治安管理处罚法》的规定办理。

当事人在申请复议或者诉讼期间，不停止行政处罚决定的执行。

第八章 附 则

第四十七条 省、自治区、直辖市人民政府，可以根据本条例的规定，结合本地区的实际情况，制定实施细则。

第四十八条 本条例由国务院水行政主管部门负责解释。

第四十九条 本条例自发布之日起施行。

中华人民共和国抗旱条例

（2009年2月11日国务院第49次常务会议通过，2009年2月26日中华人民共和国国务院令第552号公布，自公布之日起施行）

第一章　总　　则

第一条　为了预防和减轻干旱灾害及其造成的损失，保障生活用水，协调生产、生态用水，促进经济社会全面、协调、可持续发展，根据《中华人民共和国水法》，制定本条例。

第二条　在中华人民共和国境内从事预防和减轻干旱灾害的活动，应当遵守本条例。

本条例所称干旱灾害，是指由于降水减少、水工程供水不足引起的用水短缺，并对生活、生产和生态造成危害的事件。

第三条　抗旱工作坚持以人为本、预防为主、防抗结合和因地制宜、统筹兼顾、局部利益服从全局利益的原则。

第四条　县级以上人民政府应当将抗旱工作纳入本级国民经济和社会发展规划，所需经费纳入本级财政预算，保障抗旱工作的正常开展。

第五条　抗旱工作实行各级人民政府行政首长负责制，统一指挥、部门协作、分级负责。

第六条　国家防汛抗旱总指挥部负责组织、领导全国的抗旱工作。

国务院水行政主管部门负责全国抗旱的指导、监督、管理工作，承担国家防汛抗旱总指挥部的具体工作。国家防汛抗旱总指挥部的其他成员单位按照各自职责，负责有关抗旱工作。

第七条 国家确定的重要江河、湖泊的防汛抗旱指挥机构，由有关省、自治区、直辖市人民政府和该江河、湖泊的流域管理机构组成，负责协调所辖范围内的抗旱工作；流域管理机构承担流域防汛抗旱指挥机构的具体工作。

第八条 县级以上地方人民政府防汛抗旱指挥机构，在上级防汛抗旱指挥机构和本级人民政府的领导下，负责组织、指挥本行政区域内的抗旱工作。

县级以上地方人民政府水行政主管部门负责本行政区域内抗旱的指导、监督、管理工作，承担本级人民政府防汛抗旱指挥机构的具体工作。县级以上地方人民政府防汛抗旱指挥机构的其他成员单位按照各自职责，负责有关抗旱工作。

第九条 县级以上人民政府应当加强水利基础设施建设，完善抗旱工程体系，提高抗旱减灾能力。

第十条 各级人民政府、有关部门应当开展抗旱宣传教育活动，增强全社会抗旱减灾意识，鼓励和支持各种抗旱科学技术研究及其成果的推广应用。

第十一条 任何单位和个人都有保护抗旱设施和依法参加抗旱的义务。

第十二条 对在抗旱工作中做出突出贡献的单位和个人，按照国家有关规定给予表彰和奖励。

第二章 旱灾预防

第十三条 县级以上地方人民政府水行政主管部门会同同级有关部门编制本行政区域的抗旱规划，报本级人民政府批准后实施，并抄送上一级人民政府水行政主管部门。

第十四条 编制抗旱规划应当充分考虑本行政区域的国民经济和社会发展水平、水资源综合开发利用情况、干旱规律和特点、可供水资源量和抗旱能力以及城乡居民生活用水、工农业生产和生态用水的需求。

抗旱规划应当与水资源开发利用等规划相衔接。

下级抗旱规划应当与上一级的抗旱规划相协调。

第十五条 抗旱规划应当主要包括抗旱组织体系建设、抗旱应急水源建设、抗旱应急设施建设、抗旱物资储备、抗旱服务组织建设、旱情监测网络建设以及保障措施等。

第十六条 县级以上人民政府应当加强农田水利基础设施建设和农村饮水工程建设，组织做好抗旱应急工程及其配套设施建设和节水改造，提高抗旱供水能力和水资源利用效率。

县级以上人民政府水行政主管部门应当组织做好农田水利基础设施和农村饮水工程的管理和维护，确保其正常运行。

干旱缺水地区的地方人民政府及有关集体经济组织应当因地制宜修建中小微型蓄水、引水、提水工程和雨水集蓄利用工程。

第十七条 国家鼓励和扶持研发、使用抗旱节水机械和装备，推广农田节水技术，支持旱作地区修建抗旱设施，发展旱作节水农业。

国家鼓励、引导、扶持社会组织和个人建设、经营抗旱设施，并保护其合法权益。

第十八条 县级以上地方人民政府应当做好干旱期城乡居民生活供水的应急水源贮备保障工作。

第十九条 干旱灾害频繁发生地区的县级以上地方人民政府，应当根据抗旱工作需要储备必要的抗旱物资，并加强日常管理。

第二十条 县级以上人民政府应当根据水资源和水环境的承载能力，调整、优化经济结构和产业布局，合理配置水资源。

第二十一条 各级人民政府应当开展节约用水宣传教育，推行节约用水措施，推广节约用水新技术、新工艺，建设节水型社会。

第二十二条 县级以上人民政府水行政主管部门应当做好水资源的分配、调度和保护工作，组织建设抗旱应急水源工程和集雨设施。

县级以上人民政府水行政主管部门和其他有关部门应当及时向人民政府防汛抗旱指挥机构提供水情、雨情和墒情信息。

第二十三条 各级气象主管机构应当加强气象科学技术研究，提高气象监测和预报水平，及时向人民政府防汛抗旱指挥机构提供气象干旱及其他与抗旱有关的气象信息。

第二十四条 县级以上人民政府农业主管部门应当做好农用抗旱物资的储备和管理工作，指导干旱地区农业种植结构的调整，培育和推广应用耐旱品种，及时向人民政府防汛抗旱指挥机构提供农业旱情信息。

第二十五条 供水管理部门应当组织有关单位，加强供水管网的建设和维护，提高供水能力，保障居民生活用水，及时向人民政府防汛抗旱指挥机构提供供水、用水信息。

第二十六条 县级以上人民政府应当组织有关部门，充分利用现有资源，建设完善旱情监测网络，加强对干旱灾害的监测。

县级以上人民政府防汛抗旱指挥机构应当组织完善抗旱信息系统，实现成员单位之间的信息共享，为抗旱指挥决策提供依据。

第二十七条 国家防汛抗旱总指挥部组织其成员单位编制国家防汛抗旱预案，经国务院批准后实施。

县级以上地方人民政府防汛抗旱指挥机构组织其成员单位

编制抗旱预案，经上一级人民政府防汛抗旱指挥机构审查同意，报本级人民政府批准后实施。

经批准的抗旱预案，有关部门和单位必须执行。修改抗旱预案，应当按照原批准程序报原批准机关批准。

第二十八条 抗旱预案应当包括预案的执行机构以及有关部门的职责、干旱灾害预警、干旱等级划分和按不同等级采取的应急措施、旱情紧急情况下水量调度预案和保障措施等内容。

干旱灾害按照区域耕地和作物受旱的面积与程度以及因干旱导致饮水困难人口的数量，分为轻度干旱、中度干旱、严重干旱、特大干旱四级。

第二十九条 县级人民政府和乡镇人民政府根据抗旱工作的需要，加强抗旱服务组织的建设。县级以上地方各级人民政府应当加强对抗旱服务组织的扶持。

国家鼓励社会组织和个人兴办抗旱服务组织。

第三十条 各级人民政府应当对抗旱责任制落实、抗旱预案编制、抗旱设施建设和维护、抗旱物资储备等情况加强监督检查，发现问题应当及时处理或者责成有关部门和单位限期处理。

第三十一条 水工程管理单位应当定期对管护范围内的抗旱设施进行检查和维护。

第三十二条 禁止非法引水、截水和侵占、破坏、污染水源。

禁止破坏、侵占、毁损抗旱设施。

第三章 抗旱减灾

第三十三条 发生干旱灾害，县级以上人民政府防汛抗旱指挥机构应当按照抗旱预案规定的权限，启动抗旱预案，组织开展抗旱减灾工作。

第三十四条 发生轻度干旱和中度干旱，县级以上地方人民政府防汛抗旱指挥机构应当按照抗旱预案的规定，采取下列措施：

（一）启用应急备用水源或者应急打井、挖泉；

（二）设置临时抽水泵站，开挖输水渠道或者临时在江河沟渠内截水；

（三）使用再生水、微咸水、海水等非常规水源，组织实施人工增雨；

（四）组织向人畜饮水困难地区送水。

采取前款规定的措施，涉及其他行政区域的，应当报共同的上一级人民政府防汛抗旱指挥机构或者流域防汛抗旱指挥机构批准；涉及其他有关部门的，应当提前通知有关部门。旱情解除后，应当及时拆除临时取水和截水设施，并及时通报有关部门。

第三十五条 发生严重干旱和特大干旱，国家防汛抗旱总指挥部应当启动国家防汛抗旱预案，总指挥部各成员单位应当按照防汛抗旱预案的分工，做好相关工作。

严重干旱和特大干旱发生地的县级以上地方人民政府在防汛抗旱指挥机构采取本条例第三十四条规定的措施外，还可以采取下列措施：

（一）压减供水指标；

（二）限制或者暂停高耗水行业用水；

（三）限制或者暂停排放工业污水；

（四）缩小农业供水范围或者减少农业供水量；

（五）限时或者限量供应城镇居民生活用水。

第三十六条 发生干旱灾害，县级以上地方人民政府应当按照统一调度、保证重点、兼顾一般的原则对水源进行调配，优先保障城乡居民生活用水，合理安排生产和生态用水。

第三十七条 发生干旱灾害，县级以上人民政府防汛抗旱指挥机构或者流域防汛抗旱指挥机构可以按照批准的抗旱预案，制订应急水量调度实施方案，统一调度辖区内的水库、水电站、闸坝、湖泊等所蓄的水量。有关地方人民政府、单位和个人必须服从统一调度和指挥，严格执行调度指令。

第三十八条 发生干旱灾害，县级以上地方人民政府防汛抗旱指挥机构应当及时组织抗旱服务组织，解决农村人畜饮水困难，提供抗旱技术咨询等方面的服务。

第三十九条 发生干旱灾害，各级气象主管机构应当做好气象干旱监测和预报工作，并适时实施人工增雨作业。

第四十条 发生干旱灾害，县级以上人民政府卫生主管部门应当做好干旱灾害发生地区疾病预防控制、医疗救护和卫生监督执法工作，监督、检测饮用水水源卫生状况，确保饮水卫生安全，防止干旱灾害导致重大传染病疫情的发生。

第四十一条 发生干旱灾害，县级以上人民政府民政部门应当做好干旱灾害的救助工作，妥善安排受灾地区群众基本生活。

第四十二条 干旱灾害发生地区的乡镇人民政府、街道办事处、村民委员会、居民委员会应当组织力量，向村民、居民宣传节水抗旱知识，协助做好抗旱措施的落实工作。

第四十三条 发生干旱灾害，供水企事业单位应当加强对供水、水源和抗旱设施的管理与维护，按要求启用应急备用水源，确保城乡供水安全。

第四十四条 干旱灾害发生地区的单位和个人应当自觉节约用水，服从当地人民政府发布的决定，配合落实人民政府采取的抗旱措施，积极参加抗旱减灾活动。

第四十五条 发生特大干旱，严重危及城乡居民生活、生产用水安全，可能影响社会稳定的，有关省、自治区、直辖市人民政府防汛抗旱指挥机构经本级人民政府批准，可以宣布本辖区内的相关行政区域进入紧急抗旱期，并及时报告国家防汛抗旱总指挥部。

特大干旱旱情缓解后，有关省、自治区、直辖市人民政府防汛抗旱指挥机构应当宣布结束紧急抗旱期，并及时报告国家防汛抗旱总指挥部。

第四十六条 在紧急抗旱期，有关地方人民政府防汛抗旱指挥机构应当组织动员本行政区域内各有关单位和个人投入抗旱工作。所有单位和个人必须服从指挥，承担人民政府防汛抗旱指挥机构分配的抗旱工作任务。

第四十七条 在紧急抗旱期，有关地方人民政府防汛抗旱指挥机构根据抗旱工作的需要，有权在其管辖范围内征用物资、设备、交通运输工具。

第四十八条 县级以上地方人民政府防汛抗旱指挥机构应当组织有关部门，按照干旱灾害统计报表的要求，及时核实和统计所管辖范围内的旱情、干旱灾害和抗旱情况等信息，报上一级人民政府防汛抗旱指挥机构和本级人民政府。

第四十九条 国家建立抗旱信息统一发布制度。旱情由县级以上人民政府防汛抗旱指挥机构统一审核、发布；旱灾由县级以上人民政府水行政主管部门会同同级民政部门审核、发布；农业灾情由县级以上人民政府农业主管部门发布；与抗旱有关的气象信息由气象主管机构发布。

报刊、广播、电视和互联网等媒体，应当及时刊播抗旱信息并标明发布机构名称和发布时间。

第五十条 各级人民政府应当建立和完善与经济社会发展水平以及抗旱减灾要求相适应的资金投入机制，在本级财政预算中安排必要的资金，保障抗旱减灾投入。

第五十一条 因抗旱发生的水事纠纷，依照《中华人民共和国水法》的有关规定处理。

第四章 灾后恢复

第五十二条 旱情缓解后，各级人民政府、有关主管部门应当帮助受灾群众恢复生产和灾后自救。

第五十三条 旱情缓解后，县级以上人民政府水行政主管部门应当对水利工程进行检查评估，并及时组织修复遭受干旱灾害损坏的水利工程；县级以上人民政府有关主管部门应当将遭受干旱灾害损坏的水利工程，优先列入年度修复建设计划。

第五十四条 旱情缓解后，有关地方人民政府防汛抗旱指挥机构应当及时归还紧急抗旱期征用的物资、设备、交通运输工具等，并按照有关法律规定给予补偿。

第五十五条 旱情缓解后，县级以上人民政府防汛抗旱指挥机构应当及时组织有关部门对干旱灾害影响、损失情况以及抗旱工作效果进行分析和评估；有关部门和单位应当予以配合，主动向本级人民政府防汛抗旱指挥机构报告相关情况，不得虚报、瞒报。

县级以上人民政府防汛抗旱指挥机构也可以委托具有灾害评估专业资质的单位进行分析和评估。

第五十六条 抗旱经费和抗旱物资必须专项使用，任何单位和个人不得截留、挤占、挪用和私分。

各级财政和审计部门应当加强对抗旱经费和物资管理的监督、检查和审计。

第五十七条 国家鼓励在易旱地区逐步建立和推行旱灾保险制度。

第五章 法律责任

第五十八条 违反本条例规定，有下列行为之一的，由所在单位或者上级主管机关、监察机关责令改正；对直接负责的主管人员和其他直接责任人员依法给予处分；构成犯罪的，依法追究刑事责任：

（一）拒不承担抗旱救灾任务的；

（二）擅自向社会发布抗旱信息的；

（三）虚报、瞒报旱情、灾情的；

（四）拒不执行抗旱预案或者旱情紧急情况下的水量调度预案以及应急水量调度实施方案的；

（五）旱情解除后，拒不拆除临时取水和截水设施的；

（六）滥用职权、徇私舞弊、玩忽职守的其他行为。

第五十九条 截留、挤占、挪用、私分抗旱经费的，依照有关财政违法行为处罚处分等法律、行政法规的规定处罚；构成犯罪的，依法追究刑事责任。

第六十条 违反本条例规定，水库、水电站、拦河闸坝等工程的管理单位以及其他经营工程设施的经营者拒不服从统一调度和指挥的，由县级以上人民政府水行政主管部门或者流域管理机构责令改正，给予警告；拒不改正的，强制执行，处1万元以上5万元以下的罚款。

第六十一条 违反本条例规定，侵占、破坏水源和抗旱设施的，由县级以上人民政府水行政主管部门或者流域管理机构责令停止违法行为，采取补救措施，处1万元以上5万元以下的罚款；造成损坏的，依法承担民事责任；构成违反治安管理行为的，依照《中华人民共和国治安管理处罚法》的规定处罚；构成犯罪的，依法追究刑事责任。

第六十二条 违反本条例规定，抢水、非法引水、截水或者哄抢抗旱物资的，由县级以上人民政府水行政主管部门或者流域管理机构责令停止违法行为，予以警告；构成违反治安管理行为的，依照《中华人民共和国治安管理处罚法》的规定处罚；构成犯罪的，依法追究刑事责任。

第六十三条 违反本条例规定，阻碍、威胁防汛抗旱指挥机构、水行政主管部门或者流域管理机构的工作人员依法执行职务的，由县级以上人民政府水行政主管部门或者流域管理机构责令改正，予以警告；构成违反治安管理行为的，依照《中华人民共和国治安管理处罚法》的规定处罚；构成犯罪的，依法追究刑事责任。

第六章 附 则

第六十四条 中国人民解放军和中国人民武装警察部队参加抗旱救灾，依照《军队参加抢险救灾条例》的有关规定执行。

第六十五条 本条例自公布之日起施行。